AF193559

Neuroeducación, TEA e inclusión en el siglo XXI

Neuroeducación, TEA e inclusión en el siglo XXI

M Gloria Gallego-Jiménez
Coordinadora

McGraw Hill | AULAMAGNA
PROYECTO CLAVE

Neuroeducación, TEA e inclusión en el siglo XXI

Primera edición: 2025

ISBN: 9791387666118
ISBN eBook: 9791387666620
Depósito legal: SE 1342-2025

© de los textos:
  M Gloria Gallego-Jiménez
  Héctor Reyes Martín
  Antonio Milán Fitera
  Aroa Casado Rodríguez
  Juan Diego Gómez-Escalonilla Torrijos
  Juan Luís Fuentes Gómez-Calcerrada
  Ana de la Peña
  Idoia Correa
  Candida Filgueira Arias
  Mª Carmen Escribano Ródenas
  Sofía Torrecilla Manresa

  David Jáñez González
  Cristina Sánchez Romero
  Pilar Gutiez Cuevas
  Castellar López Guinea
  Bibiana Sánchez Bobadilla
  M Ángeles Diego Mantecón
  Mónica Bonilla-del-Río
  Naima Bhana-López
  Rosa García-Ruiz
  Bárbara Torrente Torres
  Mª Isabel Marí Sanmillán
  Valentín Martínez-Otero Pérez
  Luisa M.ª Cervantes Duarte

© de esta edición:
  Editorial Aula Magna, 2025. McGraw-Hill Interamericana de España S.L.
  editorialaulamagna.com
  info@editorialaulamagna.com

Impreso en España – Printed in Spain

Quedan prohibidos, dentro de los límites establecidos en la ley y bajo los apercibimientos legalmente previstos, la reproducción total o parcial de esta obra por cualquier medio o procedimiento, ya sea electrónico o mecánico, el tratamiento informático, el alquiler o cualquier otra forma de cesión de la obra sin la autorización previa y por escrito de los titulares del copyright. Diríjase a info@editorialaulamagna.com si necesita fotocopiar o escanear algún fragmento de esta obra.

Índice

Prólogo 17
M. Gloria Gallego-Jiménez

Bloque I
Fundamentos generales y marco conceptual

Capítulo 1. Neuroeducación aplicada a las Necesidades
Educativas Especiales 23
Luisa María Cervantes Duarte, Juan Diego Gómez-Escalonilla Torrijos y
Aroa Casado Rodríguez

Introducción 23

Metodología 28

Estrategia de búsqueda 28

Criterios de inclusión y exclusión 29

Proceso de selección 30

Análisis de los datos 31

Resultados 35

Discusión 36

Coordinación intersistémica: una necesidad aún no consolidada. 37

El equipo docente frente al reto de la inclusión fundamentada . . 38

El papel de las familias: coeducadoras y mediadoras del sistema. 39

La comunidad educativa como agente de transformación
cultural 40

Conclusiones 41
Referencias 42

**Capítulo 2. Potencialidad educativa de la inteligencia
unidiversa** 47
Valentín Martínez-Otero Pérez
Metáfora arbórea de la inteligencia unidiversa. 48
Inteligencia unidiversa y educación personalizada 58
La inteligencia unidiversa: unitas multiplex 60
La teoría de la inteligencia unidiversa y sus implicaciones
pedagógicas 63
La educación intelectual unidiversa. 67
Referencias 72

**Capítulo 3. ¿Qué aporta la psicología positiva a la
educación del carácter de adolescentes en situación
de vulnerabilidad? Perspectiva crítica y esperanza futura** . 75
Ana de la Peña, Idoia Correa y Juan Luis Fuentes
Introducción: de la reparación del daño a la búsqueda de
una vida plena 76
La adolescencia en situación de vulnerabilidad: aspectos críticos 78
El bienestar en adolescentes protegidos desde la
perspectiva de la psicología positiva 81
3.1. Las 24 fortalezas de carácter 81
3.2. Aportaciones del modelo PERMA 83
3.3. La resiliencia como eje transversal en la adolescencia protegida. . 86
Críticas y limitaciones de la psicología positiva en estos
contextos. 88
Intervenciones socioeducativas desde la educación del
carácter y la psicología positiva con adolescencia
protegida: a partir de la resiliencia 90
Reflexiones finales 95
Referencias. 97

Bloque II
Neuroeducación y perfiles neurodiversos

Capítulo 4. Funciones ejecutivas con alumnado con TEA, TDAH y enfermedades neurodegenerativas 107
David Jáñez González

Introducción 107
Las funciones ejecutivas 108
Comprendiendo las funciones ejecutivas y su relevancia educativa 109
Creando aulas inclusivas desde la neuroeducación. 111
    Diseño Universal para el Aprendizaje (DUA). 111
    Uso de tecnología educativa. 112
    Formación docente basada en neuroeducación 112
    Ambientes de aprendizaje emocionalmente seguros 112
    Estrategias prácticas para fortalecer las funciones ejecutivas en aulas inclusivas 113
    Estrategias educativas inclusivas. 113
    Estrategias para Educación Primaria (6-12 años) 114
    Estrategias para Educación Secundaria y Bachillerato (12-18 años). .. 116
    Educación Universitaria (18+ años). 117
Conclusión 118
Referencias 119

Capítulo 5. Aprendizaje de las ciencias en adolescentes TDA/H desde la neurociencia 123
Héctor Reyes y Antonio Milán

Introducción 123
El alumnado TDA-TDAH 123
El estudio de las ciencias 128
Propuesta de intervención educativa 129
Resultados 136
Discusión 136
Conclusión 139
Referencias 140

Capítulo 6. Medidas de intervención inclusivas en estudiantes de altas capacidades en matemáticas y procesos resilientes 143

Cándida Filgueira Arias y María del Carmen Escribano Ródenas

Introducción..143

Evolución del Sistema Educativo en España................144

Educación inclusiva, resiliencia, alumnos de Altas Capacidades
(AACC) y matemáticas....................................146

Relevancia del tema 147

Estado actual de la atención a los Alumnos de Altas
Capacidades (AACC) en matemáticas 148

Definición y características de los AACC: Enfoque específico
en matemáticas 148

Políticas y prácticas actuales: Evaluación de las medidas
existentes y su efectividad...............................150

Vinculación con el proceso resiliente.....................151

Concepto de resiliencia: Definición y su importancia en el
contexto educativo...151

Cómo la resiliencia contribuye a la tolerancia y comprensión
en estudiantes de AACC. Fortalezas desarrolladas a
través de la resiliencia...................................153

Medidas específicas de atención educativa 154

Programas de mentoría y tutoría: Impacto en el desarrollo
académico y personal 156

Conclusiones 157

Recomendaciones...159

Referencias 162

Bloque III
TEA como eje central del monográfico

Capítulo 7. La Neuroeducación como base para la inclusión en alumnos TEA 171

Bárbara Torrente Torres

Introducción 171
Neuroeducación. 172
La plasticidad y el aprendizaje. 173
Emoción y motivación para el aprendizaje 173
Neurodiversidad e individualización del aprendizaje 174
Metodologías activas. 175
La neuroeducación como base para la inclusión en
alumnos TEA 175
Relación de las funciones ejecutivas y el aprendizaje. 178
Actividades prácticas para Educación Infantil (3-6 años) 179
Conclusión. 183
Bibliografía 183

**Capítulo 8. Neuroeducación y factores cognitivo-
motivacionales del autoconcepto: Implicaciones
docentes para la inclusión del alumnado TEA 189**
Sofía Torrecilla Manresa
Autoconcepto y efecto en el aprendizaje. 190
El autoconcepto se construye a través de la interacción
con el entorno 190
Influencia de la motivación y la autorregulación 192
Autoconcepto en niños TEA. 194
Factores cognitivos-motivacionales y aprendizaje. 195
Actividad cerebral emocional y cognitiva .196
La motivación y los factores cognitivos 198
Neuroeducación y estrategias adaptativas. 199
Desarrollo del autoconcepto a través de la educación inclusiva. . . .200
Neuroeducación y alumnado TEA. 202
Referencias. 204

**Capítulo 9. Estrategias para una intervención inclusiva
con alumnado TEA. 207**
María Isabel Marí Sanmillán
Introducción. 207
Comprendiendo el Trastorno del Espectro Autista (TEA) 209
El juego como herramienta de desarrollo 212

Neuroeducación: Un puente entre la neurociencia y la
pedagogía 214
Juego, neuroeducación y autismo: Claves para una
intervención inclusiva 215
Propuestas y estrategias prácticas .218
Diseñar entornos inclusivos para el juego 218
El rol del adulto: guía, observador y compañero de juego. 219
Herramientas tecnológicas y materiales adaptativos 220
Actividades concretas y adaptaciones accesibles al TEA 222
El rol de la familia en el juego: vínculo, disponibilidad y respeto . . .223
Conclusión: Del diseño a la relación, del juego a la inclusión 225
Conclusiones 226
Referencias 228

**Capítulo 10. Tutoría inclusiva y personalizada en la
educación universitaria: Un enfoque hacia el TEA** 233
M Gloria Gallego-Jiménez
Introducción 233
Marco teórico. 234
Metodología 239
Resultados 241
Conclusión 248
Bibliografía 250

Bloque IV
Estrategia, tecnología y enfoque
universales para la inclusión

**Capítulo 11. Diseño Universal para el Aprendizaje
(DUA) apoyado en recursos digitales como
oportunidad educativa para la inclusión** 255
María Ángeles Diego Mantecón, Mónica Bonilla-del-Río, Naima Bhana-
López y Rosa García-Ruiz
Introducción. 255
DUA, inclusión y neurociencia. 256

Análisis del potencial del DUA para la inclusión 259

Recopilatorio de experiencias con DUA para la inclusión,
apoyada en recursos digitales 262

Recomendaciones para docentes para potenciar los
beneficios del DUA. 267

Referencias. 268

**Capítulo 12. Neurotecnología y atención temprana:
el papel de la inteligencia artificial en la
neuroeducación inclusiva** 273

Cristina Sánchez Romero, Pilar Gútiez Cuevas, Castellar López Guinea y
Viviana Sánchez Bobadilla

Introducción. 274

La neurociencia y su impacto en la Educación 276

La neurociencia. 276

La neurotecnología 279

Neurociencia y atención temprana .282

Dinámicas de aprendizaje inclusivas basadas en las
neurociencias 288

La Inteligencia Artificial y su potencialidad en la
Atención Temprana 289

Conclusión. 292

Referencias. 293

Sobre la coordinadora 299

M Gloria Gallego-Jiménez 299

Prólogo

Este libro nace en el seno del Grupo de Investigación Consolidado «Aprendizaje, Neuroeducación, Educación Inclusiva y Personalizada» (ANEPI), perteneciente a la Facultad de Educación de la Universidad CEU San Pablo, en estrecha conexión con el proyecto identitario: «Influencia de las creencias docentes en el rendimiento cognitivo y funciones ejecutivas en alumnos con TEA sindrómico e idiopático» (DocenTEA), orientado al desarrollo de prácticas educativas transformadoras en torno al Trastorno del Espectro Autista (TEA). Ambos marcos —tanto el grupo como el proyecto— se fundamentan en una convicción común: la educación contemporánea no puede eludir su responsabilidad de atender, comprender y potenciar las capacidades de todos los alumnos desde una perspectiva científica, inclusiva y humanista. Por este motivo, queremos dar énfasis a este monográfico bajo el título: *Neuroeducación, TEA e inclusión en el siglo* XXI.

La elaboración de esta obra ha contado, además, con la colaboración de académicos y profesionales provenientes de distintas universidades públicas y privadas, que comparten una misión educativa alineada con los principios de la equidad, la diversidad y la excelencia docente. Esta sinergia interuniversitaria no solo ha enriquecido el contenido del monográfico, sino que también representa un ejemplo del trabajo colaborativo y transdisciplinar necesario para afrontar los desafíos que plantea la educación en el siglo XXI.

Nos guía un propósito firme: contribuir, desde la investigación rigurosa y la reflexión crítica, a la construcción de una educación capaz de responder a la complejidad del aula actual, de formar a docentes sensibles y preparados, y de diseñar entornos de aprendizaje que respeten los distintos perfiles neurológicos y emocionales del alumnado. Entendemos la neuroeducación no como una moda pedagógica, sino como un campo de conocimiento con el potencial de transformar las prácticas educativas a la luz de los avances científicos, al tiempo que sostenemos que la verdadera inclusión no se logra únicamente con leyes o discursos, sino con acciones conscientes, formadas y comprometidas desde el corazón mismo del sistema educativo.

Esta obra de referencia se articula bajo tres ejes fundamentales de la praxis y la investigación educativa contemporánea: **la neuroeducación, la atención al Trastorno del Espectro Autista (TEA) y los modelos inclusivos de enseñanza-aprendizaje en el siglo** XXI. En un contexto pedagógico que demanda una transformación profunda hacia sistemas más equitativos, comprensivos y científicos, este libro ofrece un recorrido multidimensional y actualizado por algunas de las propuestas más relevantes en el campo de la educación neurodiversa.

El monográfico que el lector tiene entre manos reúne doce contribuciones originales elaboradas por especialistas de distintas áreas —psicología, neurociencia, pedagogía y tecnología educativa—, que convergen en un propósito común: **repensar la escuela y la universidad desde una mirada neuroeducativa e inclusiva**, capaz de atender a la heterogeneidad del alumnado, especialmente aquel con diagnósticos como el TEA, el TDAH, las altas capacidades o enfermedades neurodegenerativas.

La obra se estructura en cuatro bloques complementarios. El primero ofrece un **marco conceptual sólido**, donde se abordan los fundamentos de la neuroeducación aplicada a las necesidades educativas especiales, la inteligencia unidiversa como horizonte inclusivo y los aportes de la psicología positiva en contextos de vulnerabilidad. En el segundo bloque se exploran perfiles neurodiversos, con énfasis en las **funciones ejecutivas**, el aprendizaje de las ciencias en adolescentes con TDAH y las intervenciones para el alumnado con altas capacidades.

El tercer bloque constituye el **núcleo específico del monográfico: la atención educativa al alumnado con** TEA desde distintas perspectivas. Se analizan el autoconcepto, los factores motivacionales, el papel del juego, la tutoría universitaria y las implicaciones docentes de la neuroeducación como herramienta inclusiva. Finalmente, el último bloque incorpora estrategias didácticas avanzadas, como el **Diseño Universal para el Aprendizaje (DUA)** y el uso de la inteligencia artificial en la atención temprana, consolidando una visión prospectiva y tecnológicamente integrada de la inclusión educativa.

Este libro no solo constituye una contribución teórica y aplicada para investigadores, docentes y profesionales del ámbito educativo, sino que también **representa un compromiso ético con la equidad, la diversidad y la justicia educativa.** Las reflexiones y propuestas aquí contenidas aspiran a construir entornos formativos más respetuosos con los ritmos, talentos y necesidades de todos los estudiantes, y a consolidar una pedagogía que, lejos de homogenizar, celebre y potencie la diferencia.

Invitamos al lector a recorrer estas páginas con mirada crítica, mente abierta y voluntad transformadora. Porque comprender el cerebro para educar mejor no es una moda, sino una exigencia de nuestro tiempo.

M. Gloria Gallego-Jiménez
gloria.gallegojimenez@ceu.es
Directora del Departamento de Educación
Facultad de Comunicación y Humanidades
Universidad CEU San Pablo

Bloque I

Fundamentos generales y marco conceptual

Fundamentos generales y marco conceptual

Este primer bloque establece las bases teóricas y epistemológicas que sustentan el enfoque del presente monográfico. A través de una mirada integradora, los capítulos aquí reunidos abordan los fundamentos neuroeducativos aplicados a las necesidades educativas especiales, así como los principios psicológicos, antropológicos y éticos que orientan una educación verdaderamente inclusiva.

En primer lugar, se profundiza en la aplicación de la neuroeducación como herramienta para la comprensión y atención de la diversidad neurocognitiva, estableciendo un puente entre los avances científicos sobre el cerebro y las prácticas pedagógicas sensibles a las necesidades del alumnado con perfiles diferenciados. A continuación, se explora el concepto de inteligencia unidiversa, una noción innovadora que invita a repensar la educación desde una perspectiva que valora la singularidad personal como riqueza y no como desviación de una norma.

Finalmente, se analiza el papel de la psicología positiva en la formación del carácter y el bienestar de adolescentes en situación de vulnerabilidad, reivindicando una pedagogía centrada en el desarrollo de fortalezas personales, la resiliencia y la esperanza como elementos claves para una educación más humana y transformadora.

Este bloque inaugura el recorrido del libro proponiendo un marco conceptual sólido y crítico que permite comprender las dimensiones neuropsicológicas, éticas y pedagógicas de la inclusión en el siglo XXI.

Capítulo 1

Neuroeducación aplicada a las Necesidades Educativas Especiales

Luisa María Cervantes Duarte, Juan Diego
Gómez-Escalonilla Torrijos y Aroa Casado Rodríguez

Introducción

La neuroeducación representa un avance paradigmático en el ámbito de la enseñanza y el aprendizaje. Como disciplina interdisciplinaria, integra los conocimientos de la neurociencia, la psicología y la pedagogía con el propósito de desentrañar los procesos neuronales y psicológicos que subyacen al aprendizaje humano. Esta perspectiva no solo busca comprender cómo el cerebro procesa, almacena y aplica la información, sino también cómo influyen en ese proceso factores como las emociones, el entorno o las interacciones sociales (Jolles, & Jolles, 2021). Su relevancia actual radica en que combina un sólido respaldo empírico con una mirada ética y pedagógica que sitúa la divergencia como un valor esencial. En el corazón de esta aproximación se encuentra la plasticidad cerebral, entendida como la capacidad del sistema nervioso para adaptarse, reorganizarse y establecer nuevas conexiones sinápticas a partir de la experiencia. Este principio es crítico con la visión rígida del aprendizaje como un fenómeno limitado biológicamente, y abre la posibilidad de que cualquier individuo, independientemente de su edad o condición, pueda aprender y desarrollarse si se le ofrecen las condiciones adecuadas (Pradeep *et al.*, 2024). La comprensión de esta capacidad transformadora del cerebro humano refuerza la necesidad de diseñar entornos escolares que prioricen tanto el rendimiento académico como el bienestar emocional del alumnado. Así, esta disciplina no solo permite optimizar los procesos de enseñanza, sino que también promueve una educación más integral y equitativa.

El impacto de este campo se hace evidente en múltiples dimensiones del aprendizaje. Herramientas como la neuroimagen funcional o la electroencefalografía han permitido identificar procesos esenciales como la consolidación de la memoria, la regulación emocional y la atención sostenida, lo que ha abierto nuevas vías para personalizar la enseñanza. Las estrategias basadas en estas evidencias permiten atender mejor las necesidades individuales, generar ambientes seguros emocionalmente y facilitar que el profesorado tome decisiones informadas. Además, esta línea de trabajo ha servido para desmentir ideas erróneas —los llamados «neuromitos»— que, al estar basadas en interpretaciones simplistas de la ciencia, han limitado el desarrollo de metodologías eficaces (Jolles, & Jolles, 2021).

Este modelo está cobrando cada vez mayor protagonismo en contextos educativos ordinarios, pero plantea una cuestión fundamental: ¿puede ser útil también para responder a las complejas necesidades de las personas con discapacidad? Este colectivo, históricamente invisibilizado y estigmatizado (Casado y Jiménez, 2021), continúa enfrentándose a múltiples barreras que restringen su participación plena y su desarrollo tanto personal como académico. Para responder a esta pregunta, no basta con analizar el potencial de los avances neurocientíficos, sino que es necesario contextualizar su aplicación dentro de una tradición educativa que ha relegado sistemáticamente a las personas con discapacidad.

En el sistema educativo, este grupo representa uno de los sectores más vulnerables y desatendidos (Fernández-Batanero *et al.*, 2022). La historia de la educación ha estado marcada por prejuicios, estigmas y una profunda falta de conocimiento sobre sus necesidades reales (Casado y Jiménez, 2021). Estas condiciones han perpetuado exclusiones en diferentes niveles: desde la ausencia de accesibilidad física hasta la carencia de metodologías inclusivas o de formación específica del profesorado. En el caso español, esta problemática se ve agravada por una tendencia a diluir el concepto de discapacidad bajo discursos amplios de diversidad. Tal como señalan Casado y Jiménez (2022), si bien este enfoque puede partir de una intención integradora, en la práctica puede invisibilizar las demandas concretas de quienes requieren apoyos específicos. Sustituir términos como «discapacidad» por «diversidad funcional» puede suavizar las connotaciones negativas, pero también corre el riesgo de desdibujar las necesidades reales de este colectivo. Eludir las diferencias (Casado y Jiménez, 2021) conduce a una exclusión silenciosa, en la que estas no se reconocen ni se abordan adecuadamente.

Por tanto, el reconocimiento explícito de las diferencias debe convertirse en eje vertebrador de cualquier intervención educativa transformadora. Lejos de ser un obstáculo, las particularidades individuales constituyen una oportunidad para diversificar y enriquecer el sistema educativo. Como defienden Casado y Jiménez (2022), visibilizar estas diferencias es esencial para diseñar respuestas pedagógicas que potencien las capacidades de cada persona y construyan una comunidad más inclusiva. Ignorar esta realidad perpetúa desigualdades estructurales y priva a la sociedad del valor añadido que aportan las personas con discapacidad.

En este escenario, el enfoque basado en la neurociencia aplicada a la educación ofrece herramientas prometedoras para abordar la diversidad de forma efectiva. La integración del conocimiento científico en la práctica docente permite diseñar intervenciones ajustadas a las características individuales del alumnado. Uno de los principales logros ha sido el tratamiento de trastornos del aprendizaje desde una perspectiva biológica y contextual. Por ejemplo, se ha evidenciado que la dislexia está asociada a disfunciones en áreas como el giro angular, implicadas en el procesamiento fonológico. Esta comprensión ha dado lugar a programas de intervención que mejoran la asociación entre sonidos y letras, influyendo positivamente tanto en el comportamiento lector como en la estructura cerebral (Shaywitz *et al.*, 2002; Gabrieli, 2009).

De modo análogo, en el caso de la discalculia, las investigaciones han señalado alteraciones en el córtex intraparietal, responsables de la percepción numérica (Butterworth *et al.*, 2011). Este hallazgo ha permitido desarrollar herramientas como *Number Race*, un programa digital basado en juegos que mejora las habilidades matemáticas básicas y estimula conexiones neuronales específicas (Wilson *et al.*, 2006). Estas intervenciones inciden no solo en el rendimiento escolar, sino también en la configuración y el desarrollo del cerebro.

El conocimiento neurocientífico también ha facilitado la creación de materiales didácticos innovadores para la enseñanza de conceptos abstractos. Estudios con adultos revelan que los números negativos se representan mentalmente como simétricos respecto a los positivos, mientras que los niños aplican estrategias más intuitivas (Varma, & Schwartz, 2011). A partir de estos datos, se han diseñado recursos que incorporan la simetría como principio organizador, favoreciendo una comprensión más profunda (Howard-Jones *et al.*, 2016).

Asimismo, estas aproximaciones han demostrado su eficacia en la detección temprana de dificultades. Investigaciones han identificado patrones de activación cerebral que permiten prever la aparición de dislexia incluso antes de que se manifiesten problemas conductuales, lo que ha favorecido el desarrollo de programas preventivos centrados en la conciencia fonológica (Pugh *et al.*, 2000).

Otro de los aportes esenciales de este enfoque es su papel en la erradicación de creencias infundadas sobre el cerebro y el aprendizaje. Mitos como el uso del 10 % del cerebro o la enseñanza basada en estilos cognitivos rígidos han sido desmentidos gracias a la evidencia acumulada (Howard-Jones *et al.*, 2009). Esta misma base científica podría utilizarse para combatir estereotipos sobre el funcionamiento cognitivo de personas con discapacidad, lo cual permitiría diseñar respuestas educativas más ajustadas a sus necesidades (Desombre *et al.*, 2018).

A pesar de estos avances, la literatura educativa no ha incorporado sistemáticamente los conocimientos generados por la neurociencia. Por ejemplo, estudios sobre niñas con síndrome de Turner han mostrado reducciones de volumen en regiones como la corteza parietal-occipital, la premotora y la somatosensorial, así como en el giro lingual —áreas relacionadas con el procesamiento visual, espacial y motor—. Asimismo, se han hallado incrementos en estructuras como la amígdala y el hipocampo, vinculadas a la gestión emocional y la memoria (Davenport *et al.*, 2020). Esta evidencia aporta explicaciones plausibles a las dificultades visoespaciales y sociales observadas en esta condición.

Sin embargo, persiste una brecha entre estos hallazgos y su traducción en estrategias pedagógicas específicas. El conocimiento acumulado en el ámbito biomédico no se ha integrado de manera sistemática en las propuestas educativas, lo que limita su impacto real en la mejora de la inclusión escolar. Esta desconexión evidencia la necesidad de establecer puentes sólidos entre la investigación básica y la práctica docente.

Un intento inicial de cerrar esta distancia es el trabajo de Casado (2021), quien propone incorporar el análisis de perfiles neurocognitivos en los entornos educativos. Esta propuesta avanza hacia la imprescindible convergencia entre ciencia del cerebro y pedagogía, ofreciendo un marco para comprender las trayectorias de aprendizaje en personas con condiciones neurodivergentes, como el síndrome de Turner. No obstante, aún queda mucho por hacer para consolidar líneas de investigación que permitan trasladar este conocimiento a intervenciones pedagógicas efectivas.

Este capítulo tiene como finalidad examinar de manera sistemática las propuestas pedagógicas derivadas del conocimiento neurocientífico aplicadas a la atención del alumnado con discapacidades cognitivas específicas. A través de esta revisión se pretende identificar las intervenciones desarrolladas en el ámbito escolar, valorar su eficacia e impacto, y detectar los vacíos existentes en la implementación de estas estrategias. Lejos de limitarse a una valoración teórica, el propósito es ofrecer un análisis riguroso que permita sustentar futuras líneas de investigación y mejorar las prácticas educativas desde una perspectiva más equitativa, personalizada y basada en evidencias.

Metodología

Con el objetivo de identificar las estrategias educativas fundamentadas en hallazgos neurocientíficos dirigidas al alumnado con enfermedades raras (ER) o condiciones minoritarias en entornos escolares ordinarios, se diseñó una revisión sistemática de la literatura científica. Este enfoque metodológico permitió una recopilación y análisis riguroso, exhaustivo y replicable de la producción académica más reciente. El periodo de estudio abarcó desde 2019 hasta 2024, en coherencia con el auge del enfoque neuroeducativo en el contexto hispanohablante y con la creciente demanda institucional de intervenciones inclusivas basadas en datos empíricos. Asimismo, se admitieron excepciones puntuales a este marco temporal cuando se trató de estudios fundacionales o con aportaciones especialmente relevantes para los objetivos del trabajo.

Estrategia de búsqueda

La búsqueda bibliográfica se realizó en cuatro bases de datos académicas de alta calidad y cobertura internacional: Scopus, ProQuest, ERIC y Dialnet. Se definió una combinación de descriptores clave: «adaptación», «pluridiscapacidad», «enfermedades raras», «condiciones minoritarias» y «educación», los cuales fueron articulados mediante operadores booleanos con el fin de optimizar la pertinencia y amplitud de los resultados.

Se consideraron únicamente publicaciones en idioma español, ya que el análisis se centró exclusivamente en el contexto educativo nacional. Esta delimitación permitió obtener una visión detallada y contextualizada de las prácticas, estrategias y desafíos presentes en el sistema educativo español en relación con el alumnado con enfermedades raras. Aunque el periodo temporal prioritario abarcó de 2019 a 2024, también se incluyeron estudios previos cuando estos ofrecían aportaciones pioneras, fundamentos conceptuales sólidos o resultados empíricos relevantes para los objetivos de la revisión.

Criterios de inclusión y exclusión

Para garantizar la coherencia y la relevancia de los estudios seleccionados, se aplicaron los siguientes criterios:

Criterios de inclusión:
- Estudios publicados entre 2019 y 2024, o anteriores si su aportación era clave para los fines de la revisión.
- Artículos centrados en adaptaciones educativas dirigidas a alumnado con enfermedades raras, pluridiscapacidad u otras condiciones minoritarias, fundamentadas explícitamente en principios neurocientíficos.
- Publicaciones en español o inglés, con texto completo disponible.

Criterios de exclusión:
- Estudios sin vinculación directa con la práctica educativa o centrados exclusivamente en entornos clínicos.
- Revisiones narrativas, ensayos teóricos o estudios sin base empírica verificable.
- Publicaciones anteriores a 2019 que no aportaran datos relevantes ni evidencias aplicadas.

Proceso de selección

El proceso de selección de documentos se desarrolló en tres fases sucesivas:

1. **Identificación:** búsqueda en las bases de datos, descarga y exportación de referencias bibliográficas y eliminación de duplicados.

2. **Cribado:** revisión preliminar de títulos y resúmenes, atendiendo a los criterios de inclusión establecidos.

3. **Evaluación de elegibilidad:** lectura completa de los textos seleccionados para verificar su pertinencia metodológica, conceptual y temática. En los casos en los que la relevancia de un estudio anterior a 2019 era evidente, se aplicó una evaluación adicional para determinar su inclusión justificada. El **diagrama de flujo PRISMA** (Figura 1) ilustra el proceso completo de identificación, cribado y selección de estudios.

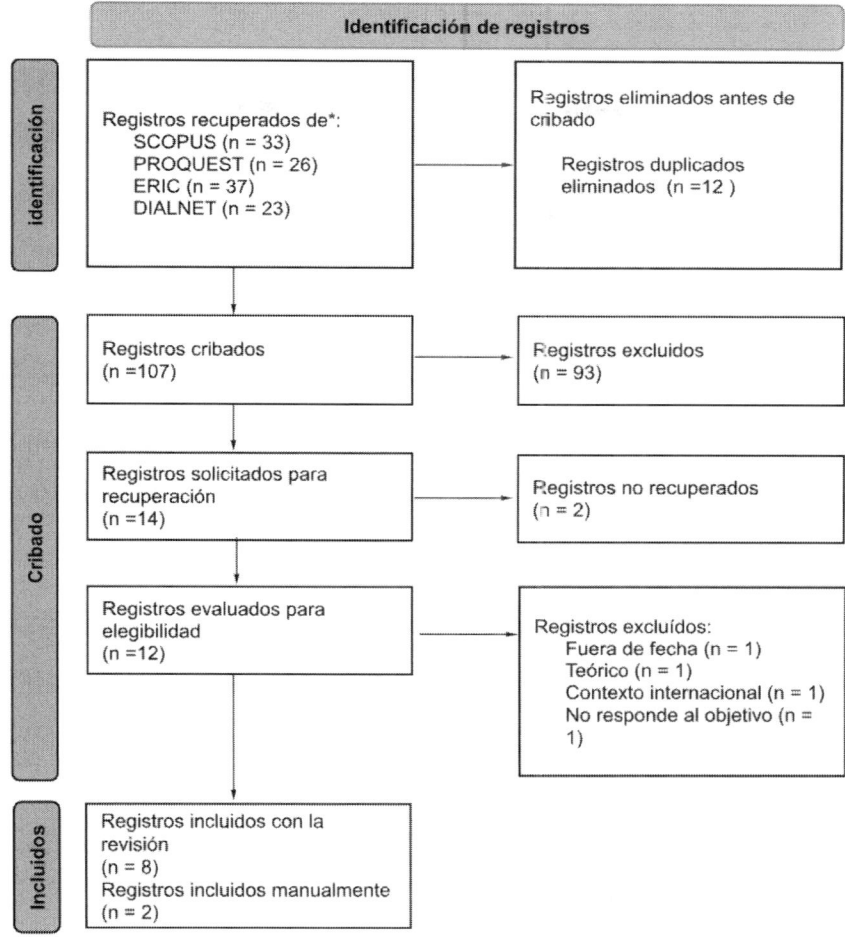

Figura 1: Diagrama de flujo PRISMA.

Análisis de los datos

La información recopilada de los estudios seleccionados fue organizada en una base de datos estructurada, que sirvió como soporte para el análisis cualitativo posterior. Esta base incluyó variables clave relacionadas con las características metodológicas y contextuales de cada documento (ver tabla 1). En concreto, se recogieron los siguientes elementos:

- Datos generales del estudio: autoría, año de publicación y revista científica.
- Enfoque metodológico empleado (cuantitativo, cualitativo o mixto).
- Características de la muestra participante (docentes, alumnado, familias u otros profesionales).
- Etapa educativa en la que se desarrolló la intervención o experiencia descrita.
- Localización geográfica del estudio dentro del territorio nacional.
- Instrumento principal utilizado para la recogida de información (entrevistas, cuestionarios, observación, estudios de caso, etc.).
- Tema central abordado, en relación con la atención al alumnado con enfermedades raras o condiciones minoritarias.

A partir de esta estructura, se realizó una lectura cruzada de los documentos con el fin de identificar regularidades, matices y particularidades en los enfoques adoptados. Aunque algunos estudios hacían referencia explícita al marco de la neuroeducación, en la mayoría de los casos este enfoque se encontraba implícito o no desarrollado sistemáticamente, aspecto que se consideró especialmente relevante para el análisis posterior.

Tabla 1. Análisis descriptivo de los documentos incluidos.

N°	Autor(es) y año	Revista	Metodología	Participan	Nivel educativo	Lugar	Instrumento principal	Tema principal
1	Alfaro y Negre (2019)	*REIFOP*	C	116 docentes	I y P	Islas Baleares	Cuestionario *ad hoc*	Formación docente e inclusión
2	Armas *et al.* (2024)	*Revista Iberoamericana de Educación*	Q	1 alumna con síndrome de Rett y su madre	I	Castilla y León	Entrevistas semiestructuradas	Atención individual y contexto familiar
3	Bayo y Moliner (2021)	*Pulso. Revista de Educación*	Q	5 docentes	P	Comunidad Valenciana	Entrevistas abiertas	Prácticas inclusivas y clima de aula
4	Berasategui *et al.* (2023)	*Revista Complutense de Educación*	Q	Profesorado de dos centros	P y S	País Vasco	Grupo focal	Cultura escolar y metodologías activas
5	García-Perales *et al.* (2022)	*Educación XXI*	C	102 docentes	P	Castilla-La Mancha	Cuestionario validado	Formación docente y protocolos

#	Autores	Revista		Participantes		Comunidad	Instrumento	Temática
6	Gaintza *et al.* (2024)	*Revista de Educación Inclusiva*	Q	12 profesionales de educación	Varios	País Vasco	Entrevistas semiestructuradas	Coordinación entre servicios
7	Gómez y Alcedo (2016)	*Siglo Cero*	C	Alumnado con discapacidad	P y S	Asturias	Escalas estandarizadas	Inclusión y calidad de vida
8	Lozano, Castillo y Cerezo (2021)	*Tendencias Pedagógicas*	Q	Comunidad educativa	P	Madrid	Observación y entrevistas	Normalización y apoyo comunitario
9	Moliner *et al.* (2023)	*REIFOP*	Q	Docentes, familias y profesionales	P	Comunidad Valenciana	Entrevistas semiestructuradas	Colaboración intersectorial
10	Verger *et al.* (2020)	*Revista de Educación Inclusiva*	Q	Casos clínico-educativos	I y P	Islas Baleares	Estudio de caso	Importancia del diagnóstico

Nota: C = cuantitativo; Q = cualitativo; I= etapa infantil; P= etapa primaria; S= etapa secundaria.

Resultados

La revisión sistemática llevada a cabo permitió seleccionar un total de diez estudios publicados entre los años 2016 y 2024, todos ellos centrados en la atención educativa del alumnado con ER o condiciones minoritarias en contextos escolares ordinarios (ver tabla 1). Los documentos analizados presentan una variedad metodológica significativa, incluyendo enfoques cualitativos, cuantitativos y mixtos, lo que ha permitido obtener una visión amplia de las prácticas, experiencias e intervenciones desarrolladas en el ámbito educativo español.

Los estudios incluidos abarcan distintas etapas educativas, desde la educación infantil hasta la secundaria, y reflejan realidades diversas en cuanto a localización geográfica, tipo de centros (públicos y concertados) y grado de formalización de las medidas implementadas. En todos los casos, los trabajos incorporan algún tipo de adaptación pedagógica o acción educativa dirigida al alumnado con condiciones poco frecuentes, si bien varían en cuanto al grado de sistematización y fundamentación teórica.

El análisis cualitativo del contenido permitió agrupar los hallazgos en cuatro categorías temáticas principales, que se presentan a continuación de forma organizada:

1. **Relación entre el sistema educativo, los servicios sociales y la sanidad.** Esta categoría recoge los estudios que mencionan experiencias de colaboración entre diferentes ámbitos institucionales para atender las necesidades del alumnado con ER. Se identifican distintas formas de relación, desde la mera derivación a servicios externos hasta iniciativas de coordinación más estructurada.

2. **El papel del equipo docente.** En esta categoría se agrupan los estudios que abordan aspectos relacionados con la formación del profesorado, su organización interna y las estrategias metodológicas empleadas. Se describen experiencias docentes que reflejan una implicación activa en el diseño de actividades adaptadas, el uso de metodologías participativas y la coordinación

entre miembros del equipo educativo para atender de forma conjunta al alumnado con necesidades específicas. Asimismo, se recoge información sobre las dificultades encontradas por los profesionales en términos de formación inicial y permanente, especialmente en relación con el conocimiento sobre enfermedades raras y su impacto en el aprendizaje.

3. **Participación de las familias.** Los estudios incluidos destacan el papel relevante de las familias como agentes educativos activos en el proceso de inclusión del alumnado con ER. Se documentan situaciones en las que las familias actúan como intermediarias entre los centros educativos y los servicios sanitarios, así como impulsoras de determinados apoyos o recursos.

4. **Implicación de la comunidad educativa.** Esta última categoría recoge las experiencias en las que la comunidad escolar, en sentido amplio, participa en procesos de inclusión. Se hace referencia a actividades de sensibilización desarrolladas en los centros, al papel de los compañeros como figuras de apoyo, y a la participación de agentes como asociaciones de familias, voluntariado o servicios municipales. En algunos estudios se describen acciones colectivas orientadas a generar una cultura inclusiva en el centro, a través de la visibilización de la diversidad y la creación de redes de colaboración.

Discusión

Los resultados obtenidos a través de esta revisión sistemática invitan a una reflexión crítica sobre el grado de conexión existente entre los discursos inclusivos en educación y la aplicación efectiva de los avances neurocientíficos en contextos reales. Como se anticipaba en la introducción, la neuroeducación plantea una transformación paradigmática al posicionar la plasticidad cerebral, la emocionalidad y la variabilidad neurocognitiva como fundamentos del diseño pedagógico (Jolles, & Jolles, 2021; Pradeep *et al.*, 2024). Sin embargo, los estudios analizados revelan una clara disociación entre esta visión emergente y las prácticas vigentes en torno al alumnado con ER. La organización de la información en cuatro categorías temáticas permite observar de manera estructurada estas tensiones, ausencias y potencialidades.

Coordinación intersistémica: una necesidad aún no consolidada

La primera categoría pone de relieve la urgencia de un abordaje intersectorial que articule los sistemas educativo, sanitario y social. La literatura revisada (Alfaro y Negre, 2019; Gaintza *et al.*, 2024) insiste en la necesidad de una atención integral que trascienda los límites escolares para responder a las múltiples dimensiones que atraviesan la vida del alumnado con ER. Esta perspectiva coincide con uno de los principios esenciales del enfoque neuroeducativo: el reconocimiento del entorno como modulador clave del desarrollo cerebral y del aprendizaje.

No obstante, esta aspiración se ve obstaculizada por la realidad de unos sistemas que operan de manera fragmentada. Como advierten Moliner *et al.* (2023), la participación de agentes externos en la escuela sigue estando subordinada a una lógica asistencial y terapéutica, lo cual impide naturalizar su presencia como parte del ecosistema educativo. Esta lógica vertical dificulta la circulación de información relevante y la adopción de medidas integradas que podrían beneficiarse del conocimiento neurocientífico sobre alteraciones del desarrollo, regulación emocional o redes atencionales específicas en determinadas condiciones genéticas (Davenport *et al.*, 2020).

En lugar de protocolos compartidos que se anticipen a las necesidades, lo que predomina es la actuación reactiva. García-Perales *et al.* (2022) señalan esta carencia de planificación como una de las principales barreras para construir respuestas educativas personalizadas basadas en la comprensión profunda del perfil neurocognitivo de cada estudiante. Se hace evidente, por tanto, la distancia entre el modelo ideal de intervención compartida —alineado con los principios de la neuroeducación— y las limitaciones estructurales que perpetúan intervenciones parciales, muchas veces dependientes del capital relacional de las familias o de la voluntad de los centros.

El equipo docente frente al reto de la inclusión fundamentada

La segunda categoría sitúa el foco en el profesorado como agente central en el proceso de inclusión. Si bien se reconoce una creciente sensibilidad y compromiso ético hacia el alumnado con ER, también se evidencia un déficit estructural en lo que respecta a formación específica sobre las características neurobiológicas de estas condiciones (García-Perales *et al.*, 2022; Armas *et al.*, 2024). Este vacío formativo es especialmente preocupante si se tiene en cuenta que uno de los pilares de la neuroeducación es dotar al profesorado de herramientas conceptuales y metodológicas que le permitan comprender cómo aprende el cerebro humano en sus múltiples variantes.

La distancia entre teoría y práctica se hace aún más visible cuando se analizan las estrategias implementadas. Los estudios citados muestran la preferencia por metodologías activas, colaborativas y centradas en el alumnado, lo cual es coherente con los principios de una educación inclusiva. Sin embargo, estas metodologías no siempre están informadas por datos empíricos sobre cómo determinadas alteraciones —como las disfunciones en el córtex intraparietal en la discalculia (Butterworth *et al.*, 2011) o las dificultades de integración visoespacial en el síndrome de Turner (Davenport *et al.*, 2020)— afectan el procesamiento de la información.

En este sentido, el enfoque neuroeducativo no ha sido aún incorporado como lente estructurante de la práctica docente, sino como un conocimiento accesorio o desconocido. Esta falta de integración revela una oportunidad desaprovechada: la posibilidad de diseñar prácticas basadas en la comprensión del perfil neurocognitivo individual, que permitan transformar el aula en un entorno verdaderamente inclusivo, capaz de responder no solo con equidad, sino con precisión.

El papel de las familias: coeducadoras y mediadoras del sistema

La tercera categoría reconoce el papel clave que desempeñan las familias en la inclusión del alumnado con ER. Su implicación va mucho más allá de la colaboración escolar habitual: en muchos casos, actúan como coeducadoras, coordinadoras de apoyos y principales mediadoras entre el centro y el entorno sanitario. Este protagonismo, aunque valioso, también visibiliza una carencia sistémica: la escuela no siempre está preparada para responder de forma autónoma a las necesidades específicas del alumnado con ER y, por tanto, relega parte de esa responsabilidad a las familias (Lozano *et al.*, 2021; Moliner *et al.*, 2023).

Desde una perspectiva neuroeducativa, esta situación resulta paradójica. Mientras los avances científicos ofrecen herramientas para predecir, detectar y abordar ciertas dificultades cognitivas antes incluso de que se manifiesten de manera conductual (Pugh *et al.*, 2000), la práctica educativa sigue requiriendo de la experiencia directa de las familias para comprender el funcionamiento de sus hijos e hijas. La experiencia familiar suple, en muchos casos, la falta de conocimiento técnico del profesorado sobre perfiles cognitivos y emocionales singulares.

Esta dependencia genera desigualdades, ya que no todas las familias disponen del mismo nivel de recursos, conocimientos o redes de apoyo. Así, lo que debería ser una responsabilidad compartida y equitativa se convierte en una carga desigual, que acentúa la brecha entre las necesidades reales del alumnado y la capacidad del sistema para responder a ellas desde un enfoque basado en evidencias científicas.

La comunidad educativa como agente de transformación cultural

Finalmente, la cuarta categoría alude al papel transformador que puede desempeñar la comunidad educativa en su conjunto. Los estudios analizados describen diversas iniciativas de sensibilización, redes de apoyo entre iguales y voluntariado, que contribuyen a generar entornos más inclusivos (Lozano *et al.*, 2021; Berasategui *et al.*, 2023). Estas experiencias demuestran que la cultura escolar puede actuar como palanca para la normalización de la diferencia, siempre que exista una voluntad colectiva orientada a la inclusión.

Sin embargo, también se constata que estas acciones suelen depender del liderazgo individual y no de una estrategia institucional estructurada. El riesgo, en este sentido, es que la inclusión se convierta en una práctica voluntarista y ocasional, más que en un principio organizativo sostenido en políticas, recursos y formación. La neuroeducación, con su potencial para fundamentar esta transformación en evidencias sobre el desarrollo humano, no ha sido aún incorporada como parte del discurso institucional de los centros.

Más allá del acceso, lo que está en juego es la posibilidad de diseñar una escuela que reconozca y acoja la variabilidad como un principio inherente al desarrollo humano, y no como una excepción que requiere adaptaciones externas. Como se planteaba en la introducción, esto implica construir un diseño pedagógico universal, informado por la neurociencia, que anticipe las necesidades y promueva el aprendizaje profundo y significativo para todos.

En definitiva, los resultados aquí discutidos reflejan una clara contradicción entre el potencial transformador de la neuroeducación —tal como fue enunciado al inicio del capítulo— y su escasa implementación en las prácticas reales dirigidas al alumnado con enfermedades raras. El conocimiento neurocientífico existe, pero su traducción en estrategias pedagógicas contextualizadas es aún incipiente. Esta desconexión no solo limita el impacto de la neuroeducación en términos de equidad, sino que también perpetúa la exclusión estructural de los perfiles neurodivergentes.

Superar esta brecha requiere voluntad política, inversión en formación docente basada en ciencia, marcos normativos que integren el conocimiento interdisciplinar y una mayor articulación entre los distintos sistemas que configuran la vida del alumnado. Solo así será posible construir entornos escolares donde la diferencia no solo sea aceptada, sino entendida, anticipada y celebrada desde la base neurocientífica del aprendizaje humano.

Conclusiones

La presente revisión sistemática ha permitido evidenciar la brecha existente entre el desarrollo teórico de la neuroeducación y su aplicación práctica en el contexto educativo del alumnado con ER y condiciones minoritarias. A pesar de los notables avances en el conocimiento del funcionamiento cerebral y en la comprensión de los perfiles neurocognitivos asociados a estas condiciones, dicho conocimiento aún no se ha traducido en políticas educativas estructuradas ni en prácticas pedagógicas sistemáticas en las aulas ordinarias.

Los estudios analizados coinciden en señalar la necesidad de articular una respuesta integral que conecte de forma efectiva los sistemas educativo, sanitario y social. Esta coordinación intersistémica es fundamental para atender las múltiples dimensiones del alumnado con ER, pero su implementación sigue limitada por modelos asistencialistas, prácticas puntuales y ausencia de protocolos compartidos.

Asimismo, se constata que el profesorado, pese a su compromiso, carece en gran medida de formación específica en neurociencia y en el abordaje educativo de condiciones poco frecuentes. Esta carencia impide una intervención ajustada a las necesidades individuales del alumnado y refuerza una práctica educativa basada en la intuición o el voluntarismo, más que en evidencias científicas sólidas.

Por otro lado, las familias emergen como agentes imprescindibles en el proceso de inclusión, pero también como portadoras de una carga desproporcionada en términos de gestión de apoyos y mediación institucional. Esta dependencia revela fallos sistémicos que deben ser abordados desde una perspectiva de justicia educativa.

Por último, la comunidad educativa, entendida como conjunto de actores comprometidos con la construcción de entornos inclusivos, juega un papel transformador. Sin embargo, su potencial se ve limitado por la falta de estrategias institucionales que reconozcan la diversidad neurobiológica como un eje estructurante del diseño pedagógico.

En síntesis, la neuroeducación ofrece un marco robusto para avanzar hacia una educación más equitativa, personalizada y científicamente informada. No obstante, su implementación efectiva requiere una triple acción: (1) formación docente basada en el conocimiento neurocientífico, (2) generación de políticas educativas intersectoriales y (3) desarrollo de una cultura escolar que no solo acoja la diferencia, sino que la entienda como una oportunidad de innovación y mejora para todo el sistema educativo.

Referencias

Alfaro, A., & Negre, F. (2019). Análisis de las necesidades de información que presentan los docentes respecto a la atención educativa del alumnado con enfermedades raras. *Revista Electrónica Interuniversitaria de Formación del Profesorado, 22*(1), 175-194. http://dx.doi.org/10.6018/reifop.22.1.326341

Armas, L., Pérez de la Paz, J., & Alonso, L. (2024). The impact of Rett syndrome in the school environment: Challenges and needs. *Millenium - Journal of Education Technologies and Health, 2*(24), e34345. https://doi.org/10.29352/mill0224.34345

Bayo, R., & Moliner, O. (2021). Alumnado con enfermedades poco frecuentes (EPF) en las aulas ordinarias: ¿Cómo se garantiza su presencia, participación y aprendizaje? *Revista de Investigación Educativa, 39*(2), 571-586.

Berasategui, N., Castilla, M. T., Fernández, M. M., & Cortés, A. (2023). Desarrollando los procesos inclusivos en respuesta a las necesidades socio-educativas del alumnado con enfermedades raras. *Educatio Siglo XXI, 41*(3), 117-144.

Butterworth, B., Varma, S., & Laurillard, D. (2011). Dyscalculia: From brain to education. *Science, 332*(6033), 1049-1053. https://doi.org/10.1126/science.1201536

Casado, A. (2021). Neuroeducar en la divergencia a través del análisis genérico del perfil neurocognitivo: Ejemplificación a través del síndrome de Turner. *JONED. Journal of Neuroeducation, 2*(1), 64-71. https://doi.org/10.1344/joned.v2i1.34532

Casado, A., & Jiménez, J. (2021). Del estigma a la normalización: (Des)cuidar la diferencia. En S. Olivero, & A. J. Martínez (Coords.), *Identidades, segregación, vulnerabilidad. ¿Hacia la construcción de sociedades inclusivas? Un reto pluri-disciplinar* (pp. 1712-1727). Dykinson.

Casado, A., & Jiménez, J. (2022). Repensar la identidad y la autopercepción desde la neurodivergencia y las condiciones sindrómicas. En *Etnicidad, identidad y ciudadanía. Las sociedades de ayer y hoy* (pp. 617-629). Dykinson.

Davenport, M. L., Cornea, E., Xia, K., Crowley, J. J., Halvorsen, M. W., Goldman, B. D., Reinhartsen, D., DeRamus, M., Fretzel, R., Styner, M., Gilmore, J. H., Hooper, S. R., & Knickmeyer, R. C. (2020). Altered brain structure in infants with Turner syndrome. *Cerebral Cortex, 30*(2), 587-596. https://doi.org/10.1093/cercor/bhz109

Desombre, C., Anegmar, S., & Delelis, G. (2018). Stereotype threat among students with disabilities: The importance of the evaluative context on their cognitive performance. *European Journal of Psychology of Education, 33*(2), 201-214. https://doi.org/10.1007/s10212-016-0327-4

Fernández-Batanero, J. M., Montenegro-Rueda, M., & Fernández-Cerero, J. (2022). Access and participation of students with disabilities: The challenge for higher education. *International Journal of Environmental Research and Public Health, 19*(19), 11918. https://doi.org/10.3390/ijerph191911918

Gabrieli, J. D. E. (2009). Dyslexia: A new synergy between education and cognitive neuroscience. *Science, 325*(5938), 280-283. https://doi.org/10.1126/science.1171999

Gaintza, Z., Aróstegui, I., & Jiménez-Jiménez, J. (2024). Propuesta interdisciplinar y coordinada para la mejora de la calidad de vida de los niños y niñas con enfermedades raras y de sus familias. *Aula Abierta, 53*(4), 325-331. https://doi.org/10.17811/rifie.21385

García-Perales, R., Palomares-Ruiz, A., Ordóñez-García, L., & García-Toledano, E. (2022). Rare disease in the educational field: Knowledge and perceptions of Spanish teachers. *International Journal of Environmental Research and Public Health, 19*(10), 6057. https://doi.org/10.3390/ijerph19106057

Gómez, L. E., & Alcedo, M. A. (2016). Enfermedades raras y discapacidad intelectual: Evaluación de la calidad de vida de niños y jóvenes. *Siglo Cero, 47*(3), 7-27. https://doi.org/10.14201/scero2016473727

Howard-Jones, P. A., Varma, S., Ansari, D., Butterworth, B., De Smedt, B., Goswami, U., Laurillard, D., & Thomas, M. S. C. (2016). The principles and practices of educational neuroscience: Comment on Bowers (2016). *Psychological Review, 123*(5), 620-627. https://doi.org/10.1037/rev0000036

Jolles, J., & Jolles, D. D. (2021). On neuroeducation: Why and how to improve neuroscientific literacy in educational professionals. *Frontiers in Psychology, 12*, 752151. https://doi.org/10.3389/fpsyg.2021.752151

Lozano, J., Castillo, I. S., & Cerezo, M. C. (2021). Buenas prácticas de la comunidad educativa en alumnado con enfermedades raras o poco frecuentes. *Revista Fuentes, 23*(3), 317-327.

Moliner, O., Sales, A., Cotrina, M. J., & García, M. (2023). Escuela y comunidad: Factores y recursos que favorecen la inclusión educativa del alumnado con enfermedades raras. *Educatio Siglo XXI, 41*(3), 171-192. https://doi.org/10.6018/educatio.566551

Pradeep, K., Sulur Anbalagan, R., Thangavelu, A. P., Aswathy, S., Jisha, V. G., & Vaisakhi, V. S. (2024). Neuroeducation: Understanding neural dynamics in learning and teaching. *Frontiers in Education, 9*, Article 1437418. https://doi.org/10.3389/feduc.2024.1437418

Pugh, K. R., Mencl, W. E., Shaywitz, B. A., Shaywitz, S. E., Fulbright, R. K., Constable, R. T., & Gore, J. C. (2000). The angular gyrus in developmental dyslexia: Task-specific differences in functional connectivity within posterior cortex. *Psychological Science, 11*(1), 51-56. https://doi.org/10.1111/1467-9280.00214

Shaywitz, S. E., Shaywitz, B. A., Fulbright, R. K., Skudlarski, P., Mencl, W. E., Constable, R. T., ... Gore, J. C. (2002). Neural systems for compensation and persistence: Young adult outcome of childhood reading disability. *Biological Psychiatry, 52*(2), 101-110. https://doi.org/10.1016/S0006-3223(02)01346-8

Varma, S., & Schwartz, D. L. (2011). The mental representation of negative numbers: Symbolic and non-symbolic magnitudes. *Journal of Experimental Psychology: General, 140*(4), 498-510. https://doi.org/10.1037/a0023908

Verger, S., Negre, F., Rosselló, M. R., & Paz-Lourido, B. (2020). Inclusion and equity in education services for children with rare diseases: Challenges and opportunities. *Children and Youth Services Review, 119*, 105518. https://doi.org/10.1016/j.childyouth.2020.105518

Wilson, A. J., Dehaene, S., Dubois, O., & Fayol, M. (2006). Effects of an adaptive game intervention on access to number sense in low-socioeconomic-status kindergarten children. *Mind, Brain and Education, 1*(1), 44-54. https://doi.org/10.1111/j.1751-228X.2007.00005.x

Capítulo 2

Potencialidad educativa de la inteligencia unidiversa

Valentín Martínez-Otero Pérez

Este capítulo versa sobre la inteligencia unidiversa que puede ser clave para enriquecer los procesos de enseñanza-aprendizaje y promover una educación personalizada. Desde este planteamiento teórico, se resalta que la inteligencia es una facultad única pero polivalente, que debe entenderse en su totalidad. Así, se propone una educación que valore y desarrolle todas las capacidades intelectuales de los educandos. La inteligencia se concibe como un sistema unitario, pero también múltiple en sus aptitudes intelectuales. Esta conceptualización se complementa con estudios neurofisiológicos que demuestran que, aunque el cerebro tiene áreas especializadas para ciertos procesos, su funcionamiento es global e interconectado. La teoría de la inteligencia unidiversa tiene importantes implicaciones pedagógicas, de las cuales se destacan tres interrelacionadas: 1. Considerar las circunstancias del sujeto: La educación debe tener en cuenta los factores sociales, culturales, afectivos, económicos y biográficos del alumno. Ignorar estos aspectos dificulta el desarrollo de su inteligencia, por lo que es fundamental personalizar la educación para cada estudiante y evitar enfoques rígidos o excluyentes. 2. Promover el desarrollo global de la inteligencia: Las aptitudes intelectuales están interconectadas, por lo que la educación debe fomentar el progreso de la inteligencia en su totalidad. Cuanto más fuerte sea el sistema intelectual general, más enriquecidas estarán sus diferentes facetas. 3. Intervención educativa en cada aptitud intelectual: Es esencial activar y enriquecer cada aptitud mediante métodos específicos, sin perder la unidad intelectual global. Este enfoque teórico, en definitiva, contribuye a personalizar la educación.

Metáfora arbórea de la inteligencia unidiversa

La inteligencia unidiversa que aquí presentamos puede representarse, en su esencia estructural, a través de una imagen tan fecunda como reveladora: la del árbol. Esta figura, lejos de ser un mero recurso retórico, permite visualizar una realidad orgánica y dinámica, en la que las raíces profundas, ancladas en la personalidad, alimentan un tronco común, firme y compartido por todo comportamiento inteligente, del cual emergen ramas diversas que expresan aptitudes de distinta especificidad y grado de desarrollo.

Conforme a esta analogía, la inteligencia no es un sistema cerrado ni mecánico, sino un organismo vivo que exige condiciones propicias para su crecimiento. No puede florecer sin cuidados. Educar la inteligencia exige conocer también su «familia botánica», es decir, su configuración particular, sus posibilidades reales de desarrollo. No tendría sentido, en este marco, exigir frutos impropios, como si fuera posible pedir peras al olmo sin incurrir en un error pedagógico tan ingenuo como perjudicial.

Ahora bien, aunque esta metáfora subraya la diversidad natural de las capacidades humanas, no debe derivar en una interpretación simplista o distorsionada del desarrollo. Reconocer las diferencias individuales, así como la necesidad de una atención educativa personalizada y respetuosa con la singularidad del sujeto, no puede llevarnos a ignorar el ritmo evolutivo propio de la especie humana. El desarrollo infantil, en cualquiera de sus vertientes —cognitiva, afectiva, social o motriz— requiere un acompañamiento ajustado a sus etapas, que evite tanto la inhibición del potencial como la sobreestimulación prematura, que podría perturbar el proceso natural de maduración.

En este sentido, la metáfora arbórea no debe utilizarse como coartada para prácticas pedagógicas precipitadas, sustentadas en la errónea idea de que existen «inteligencias múltiples» concebidas como entidades autónomas y ejecutivas, cada una de las cuales demandaría una atención diferencial desde la más temprana edad. Tal lectura, aunque sea bienintencionada, puede derivar en categorizaciones prematuras e incluso reductoras del potencial de los estudiantes, a los que puede encasillar en moldes fijos que condicionan su desarrollo en lugar de expandirlo.

La variabilidad interindividual de las aptitudes intelectuales es un hecho innegable; sin embargo, esta diversidad no justifica en modo alguno la desatención del núcleo común que sustenta cualquier comportamiento inteligente. Únicamente desde el cultivo de este mínimo estructural, ese tronco que da unidad al sistema, se puede alcanzar un máximo potencial, esto es, el desarrollo armónico y fecundo de las capacidades específicas. Si se descuida esta base troncal, el crecimiento se vuelve desequilibrado y corre el riesgo de desembocar incluso en lo que podríamos llamar «talentos retrasados»: individuos que muestran una notable destreza en un campo concreto, pero que carecen de habilidades intelectuales fundamentales en otros ámbitos igualmente esenciales para una vida plena.

Por todo ello, la propuesta de la inteligencia unidiversa ofrece una comprensión holística de la esfera intelectual, profundamente humana, desde la que su despliegue no se concibe como una especialización temprana, sino como una floración rica y coherente que surge desde una base común, nutrida por el carácter, la experiencia y el vínculo con los demás. Educar en esta clave es compromiso con la formación integral de la persona.

La teoría de la inteligencia unidiversa, con modestia y con convicción, adopta una perspectiva más abierta, integradora y cabal de la inteligencia humana. Frente a las limitaciones de los modelos tradicionales, sean de corte unitarista o multiplicista, esta propuesta aspira a superar tal dicotomía y a ofrecer una síntesis teórica capaz de iluminar nuevas vías pedagógicas de mayor alcance y pertinencia.

Nuestra intención no es descubrir mecanismos intelectuales inéditos, ni afirmar que se trate de elementos ausentes en la literatura especializada. Por el contrario, muchos de los componentes que aquí se articulan pueden encontrarse, de forma dispersa y asistemática, en investigaciones previas de orden psicológico, antropológico, pedagógico o neurofisiológico. La novedad de esta aportación teórica radica en el esfuerzo de integración, sistematización y superación crítica. De hecho, ofrece un marco conceptual que permite contemplar la inteligencia en su complejidad constitutiva, desde el respeto a su pluralidad y sin renunciar a su unidad.

Lo que esta teoría aporta, en definitiva, no es solo una arquitectura conceptual más ajustada a la realidad intelectual del ser humano, sino también una redistribución tipológica de las aptitudes, formulada con rigor y originalidad, que se desplegará en el contexto de la estructura arbórea que sustenta la concepción de la inteligencia unidiversa. A continuación, procederemos a exponer esta organización estructural —raíces, tronco y ramas—, como metáfora y referencia para describir cómo se entrelazan y articulan las diversas aptitudes de la inteligencia, sin perder de vista el sustrato común que las nutre ni la singularidad que cada una expresa.

- *Las raíces: el anclaje de la inteligencia en la personalidad.* En el entramado de la teoría de la inteligencia unidiversa, las raíces representan la dimensión más profunda y fundante de la inteligencia: su inserción en la personalidad. No se puede concebir la inteligencia humana como un mecanismo operativo desprovisto de historia o contexto sociocultural. Su manifestación no es neutra, ni mucho menos autónoma respecto a la trayectoria vital del sujeto.

El marco biográfico-existencial, con todos sus condicionantes —psicológicos, biológicos, sociales, culturales, económicos, educativos y sanitarios—, constituye el humus en el que germina y se nutre la actividad intelectual. Pretender escindir la inteligencia del sujeto, como han pretendido ciertas corrientes de la psicología cognitiva más ortodoxa, conduce inevitablemente a una comprensión parcial, empobrecida y, en última instancia, deshumanizada del proceso intelectual.

Nuestra propuesta teórica se distancia de esa mirada reduccionista. Optamos, por el contrario, por una comprensión de la inteligencia como sistema dinámico, vinculado a la realidad contextual del ser humano. Esta visión, que podríamos calificar de compleja, relacional y situada, permite iluminar zonas oscuras del debate académico y contribuir al avance científico sin renunciar a la dimensión ética ni antropológica de la inteligencia.

Así lo ha señalado con lucidez Kincheloe (2004), al denunciar que gran parte de la psicología educativa dominante ignora los marcos culturales de los sujetos, lo que a menudo deriva en interpretaciones sesgadas o erróneas. Según este autor, el enfoque cognitivista, que ha predominado en la psicología educativa en las últimas décadas y ha mostrado logros destacados, se ve limitado por su desconexión con una concepción más integral del ser humano. Este paradigma carece de una perspectiva histórica que reconozca su construcción social y de una visión democrática que oriente las preguntas que plantea en el ámbito educativo.

Desde esta perspectiva, la inteligencia no puede analizarse en laboratorio como si fuera una realidad encapsulada. Solo si se tienen en cuenta las raíces afectivas, morales y culturales del sujeto podremos comprender verdaderamente cómo piensa, siente, valora y actúa. En suma, solo desde el reconocimiento de esta profundidad constitutiva de la inteligencia es posible construir una pedagogía bien orientada.

Las lúcidas observaciones de Kincheloe trascienden con claridad el marco específico de la psicología educativa y proyectan sus implicaciones en el ámbito pedagógico de forma significativa. Se puede hablar con fundamento de la configuración de un modelo pedagógico de cuño cognitivista, como ha señalado Sarramona (2000), en el que los procesos mentales, aunque relevantes, se aíslan frecuentemente de los contextos afectivos, históricos y sociales que les dan sentido y dirección.

Resulta ineludible asumir que la actividad intelectual del sujeto está intrínsecamente condicionada por su entorno. No se piensa desde el vacío ni se razona desde una asepsia emocional. Si desplazamos la atención hacia las raíces de la inteligencia, advertimos con nitidez la decisiva influencia de la experiencia afectiva temprana, auténtico cimiento sobre el cual se estructura, en buena medida, la organización moral y valorativa del mundo. Así lo expresa Castilla del Pino (2000, 87) al afirmar:

> A lo largo del desarrollo del sistema cognitivo-emocional, el sujeto construye un repertorio de bipolaridades axiológicas que aplica a los objetos de su universo, incluido él. Los sentimientos o valores abstraídos de los objetos componen la tabla de valores positivos y negativos de cada sujeto.

Estas estructuras axiológicas tempranas, moldeadas en la interacción afectiva con el entorno, se inscriben en la subjetividad como categorías profundas que orientan tanto el juicio ético como las operaciones cognitivas más complejas. Pensar es también sentir, y comprender implica posicionarse ante lo comprendido. Desde esta perspectiva, sostenemos que la inteligencia está íntimamente ligada a la afectividad y a la moral. La inteligencia genuina no es neutra, ni se pone al servicio de fines inhumanos; por el contrario, se orienta hacia el bien, la verdad y la justicia. Como señala Hauser (2008), existe una estructura moral en la mente humana que guía nuestros juicios éticos desde la base misma de nuestra arquitectura cognitiva. Así entendida, la inteligencia no es solo resolución de problemas, sino una forma de habitar el mundo con sensibilidad, lucidez y compromiso ético.

La inteligencia humana no puede analizarse de manera aislada. A pesar de las concepciones computacionales que intentan reducirla a procesos mecánicos, la persona no es comparable a una máquina: tiene valores, emociones y afectos, elementos fundamentales para comprender su comportamiento intelectual. Ignorar la moralidad y la afectividad empobrece la comprensión de los procesos intelectuales.

Este enfoque abre un vasto campo de investigación, que puede empezar con el reconocimiento de la dimensión moral constitutiva del ser humano, una idea defendida por Zubiri y popularizada por López Aranguren (1981). Zubiri (1991) enfatiza además la naturaleza sentiente de la inteligencia cuando argumenta que sentir e inteligir no son actos distintos, sino dos momentos del mismo proceso de aprehensión sentiente de la realidad.

En resumen, la noción de inteligencia unidiversa, tal como la proponemos, parte de reconocer que la cognición no surge ni opera en el vacío, sino que se configura en un entramado complejo de dimensiones emocionales, morales, sociales, culturales, históricas y económicas. Nuestra propuesta —original pero sustentada en una amplia integración de evidencias provenientes de múltiples campos— pone de relieve la diversidad de factores que condicionan el sistema intelectual y la acción, y se vincula con enfoques posformales, ya que critica y supera los límites del paradigma cognitivista tradicional. Este último, al reducir la inteligencia a una construcción abstracta y descontextualizada, deja fuera aspectos fundamentales para su comprensión profunda. Por ello, insistimos en que estudiar la inteligencia requiere también tener presente la ética, la afectividad, la cultura, la historia y las estructuras sociales. Solo así es posible entender la inteligencia en su complejidad y, al mismo tiempo, enriquecerla.

- *El tronco, núcleo estructural de la inteligencia.* Representa su dimensión humano-social fundamental. En esta zona central se sitúa la capacidad intelectual general, aquella que interviene de manera decisiva en procesos como la planificación, la resolución de problemas, la abstracción o el aprendizaje. Esta capacidad actúa como un motor cognitivo transversal, que influye de forma significativa en el desempeño intelectual en una amplia gama de tareas. En consonancia con lo expuesto por Yela (1987), este tronco cognitivo expresa la unidad funcional de una estructura compleja, dentro de la cual pueden reconocerse múltiples aptitudes interrelacionadas.

Conviene, no obstante, guardar prudente distancia respecto a Spearman (1927), ya que ni hay ni se pretende establecer una equivalencia directa entre nuestro concepto de tronco intelectual y el factor «g», entendido como representación estadística de la inteligencia general.

Sin embargo, si reinterpretamos el controvertido concepto del célebre psicólogo británico desde una perspectiva fenomenológica, es posible rescatar en clave cualitativa la noción de un eje estructural común a toda actividad inteligente.

Este tronco funcional se manifiesta en una serie de operaciones nucleares que sostienen y articulan el sistema intelectual, como la abstracción, que permite atender a los objetos con profundidad y captar su esencia, la relación entre datos y la generación de conocimiento. Este núcleo también refleja la capacidad reflexiva del sujeto y su energía mental, ambas moduladas en gran medida por el contexto socioambiental.

Desde una mirada comprensiva, estructural y pedagógica, planteamos asimismo que este tronco coexiste con un conjunto diverso de aptitudes intelectuales, de amplitud variable, cuya expresión y desarrollo dependen en gran medida de las oportunidades educativas y culturales. Se trata, en definitiva, de una estructura abierta, dinámica y formativa, más que de un constructo cerrado y cuantificable.

Nos encontramos, por tanto, ante un núcleo conceptual de elevada complejidad teórica y resistencia analítica, cuya naturaleza estructural exige una aproximación rigurosa, sistemática y metodológicamente fundamentada.

- *Las ramas, extensión del tronco*. Representan las diversas aptitudes intelectuales que configuran la inteligencia humana. En la historia de la psicología, se han realizado esfuerzos considerables para identificar y explicar la estructura diferencial de la inteligencia. No obstante, a pesar de las similitudes y aproximaciones teóricas, subsisten diferencias significativas entre los investigadores sobre cómo conceptualizar dichas aptitudes. La vía fenomenológica, por la que optamos en este momento, permite delinear una estructura provisional de la inteligencia, sin rechazar la validez de otros modelos o datos derivados de diversas metodologías. La propuesta que planteamos, de alcance funcional y abierta a futuras contribuciones, permite identificar al menos las siguientes aptitudes intelectuales interdependientes, presentadas aquí de forma alfabética, y sobre las cuales se espera que futuras investigaciones arrojen más claridad:

- *Aptitud afectiva:* Capacidad para conocer, expresar y canalizar la afectividad. Abarca sentimientos, emociones, pasiones y motivaciones. Permite la identificación precisa de fenómenos afectivos tanto propios como ajenos y facilita la interpretación de los estados de ánimo.
- *Aptitud artística:* Habilidad para expresarse a través de recursos plásticos, lingüísticos o sonoros. Esta aptitud requiere una combinación de procesos lógicos e intuitivos, además de una habilidad ejecutiva destacada.
- *Aptitud corporal:* Capacidad para interactuar físicamente con el entorno, basada en la conciencia de la propia realidad corporal. Implica habilidades psicomotrices que permiten el ajuste y desarrollo personal, además de facilitar la relación con los demás.
- *Aptitud espacial:* Capacidad para comprender y manejar las relaciones espaciales entre objetos. Permite imaginar y visualizar objetos en dos o tres dimensiones, facilitando la orientación espacial.
- *Aptitud ecológica:* Capacidad para vivir en interdependencia con el ecosistema y la comunidad de seres vivos. Permite adoptar comportamientos que favorezcan la sostenibilidad y el bienestar ambiental.
- *Aptitud espiritual:* Capacidad para el desarrollo interior y la apertura hacia la trascendencia. Esta aptitud fomenta una mayor conciencia de uno mismo, de los demás y del mundo en su totalidad.
- *Aptitud ética/moral:* Capacidad para orientarse hacia el bien, con actos caracterizados por el compromiso, la responsabilidad, la justicia y el perfeccionamiento. Se asocia con la buena conducta o eupraxía.
- *Aptitud lingüística:* Capacidad para comprender y expresar conceptos y estados anímicos a través del lenguaje, tanto de manera

oral como escrita. Es fundamental para organizar el pensamiento y facilitar la comunicación.

- *Aptitud manipulativa:* Capacidad para utilizar instrumentos y realizar actividades manuales que requieren destreza, precisión, coordinación y control.
- *Aptitud matemática:* Capacidad para manejar números y relaciones matemáticas con rapidez y precisión. Implica un razonamiento lógico-matemático que permite resolver problemas y verificar hipótesis.
- *Aptitud social:* Capacidad para establecer relaciones interpersonales, fundamental para la convivencia. Esta aptitud requiere apertura y es incompatible con la intransigencia.
- *Aptitud temporal:* Capacidad para orientarse en el tiempo e integrar tanto la percepción interna y subjetiva del mismo como su dimensión objetiva y social. Implica organizar las vivencias pasadas, presentes y futuras, y ajustar las acciones personales al tiempo fisicomatemático, técnico-racional, convencional, social, público, objetivado, exteriorizado, especializado y medido a través del reloj y el calendario.

Una revisión rápida de la literatura científica permitiría verificar que algunas de estas aptitudes figuran en diversos modelos de la estructura diferencial de la inteligencia. Sin embargo, otras son menos comunes en las teorías existentes, como la aptitud espiritual, la ética/moral, la temporal e incluso la afectiva. Las incorporamos a este modelo porque sin ellas se dificulta la explicación del sistema intelectual.

Además, se debe considerar que la inteligencia unidiversa también se interesa por los frutos, lo que equivale a preguntarse por la creatividad, un concepto complejo que no solo depende de la cognición, sino que también está relacionado con aspectos técnicos, estéticos y prácticos, y que abarca desde inventos hasta descubrimientos y producciones artísticas.

Es importante recalcar que la inteligencia depende en gran medida del entorno sociocultural. Solo si se reconoce este hecho

podremos valorar plenamente aptitudes como las antes mencionadas. Para avanzar hacia un concepto de inteligencia más completo y
menos maquinal, es capital que nuestra teoría subraye la importancia de las circunstancias personales, sin las cuales la comprensión
de la inteligencia se vuelve artificial. La activación o inhibición de
las aptitudes intelectuales depende de situaciones específicas que
deben tenerse en cuenta tanto para explicarlas como para promo-
verlas educativamente.

Aunque algunas aptitudes pueden manifestarse antes que otras
desde una perspectiva ontogenética, todas ellas están presentes a lo
largo de la vida y deben desplegarse adecuadamente a través de la
educación. La escuela debe garantizar un nivel competencial básico
en todo el entramado intelectual, desde la consideración de las necesidades y fortalezas personales de cada estudiante, para despertar su
potencial y compensar sus limitaciones.

Defendemos que cada una de estas aptitudes es esencial para la
comprensión cabal de la inteligencia humana, inseparable de las
emociones, la moral, el cuerpo y el contexto social. Al reconocer la
interdependencia de estas dimensiones, la inteligencia se contempla
como una facultad que no solo resuelve problemas abstractos, sino
que también responde a los desafíos que definen nuestra existencia.
Esta concepción, que se nutre del sustrato afectivo y moral y que
se articula en un continuo de desarrollo personal, es la base para
una educación más holística, adaptada a las complejidades de la
vida humana. En definitiva, estas aptitudes son defendibles porque
ofrecen una comprensión más completa y enriquecedora de lo que
significa ser verdaderamente inteligente. Aunque algunas, como la
afectiva o la ética, se mantengan próximas a ciertos rasgos de personalidad —disposiciones generales del modo de ser—, las aptitudes se
distinguen por su orientación competencial y su activación en dominios concretos. La personalidad configura el estilo, mientras que
las aptitudes revelan lo que una persona puede llegar a comprender,
crear o transformar en los distintos ámbitos del conocimiento y de
la experiencia.

Inteligencia unidiversa y educación personalizada

La teoría de la inteligencia unidiversa (Martínez-Otero, 2009; 2020), que conceptualiza la inteligencia como una estructura dinámica, compleja, unitaria y abierta, tiene implicaciones pedagógicas de gran trascendencia. En esta noción, convergen la unidad del sistema intelectual con la diversidad de aptitudes y expresiones que lo caracterizan. Cabe resaltar su naturaleza integradora, así como su capacidad para adaptarse y manifestarse de manera diversa en distintos contextos. Un referente fundamental en la configuración de este enfoque ha sido la teoría del continuo heterogéneo y jerárquico, formulada por Yela (1987), cuya aportación resulta clave para comprender la estructura diferencial de la inteligencia humana.

Según este autor, las diferencias individuales en el comportamiento inteligente no se distribuyen de manera caótica, sino que covarían de forma sistemática, hasta el punto de conformar un continuo estructurado. Esta covariación no es homogénea ni uniforme; presenta una organización jerárquica y heterogénea: en la cúspide de este sistema se sitúa un factor general —de naturaleza integradora y abstracta— que actúa a través de grandes factores comunes, como el verbal, el lógico o el técnico. Estos, a su vez, se diversifican en una multiplicidad prácticamente ilimitada de subfactores, resultantes de la interacción entre las disposiciones genéticas y las experiencias singulares de cada individuo, así como de los condicionamientos culturales y sociales en los que se desarrolla.

De este modo, la estructura diferencial de la inteligencia, tal como la concibe Yela (1987), no puede entenderse como un conjunto fragmentado de aptitudes, sino como una configuración en la que coexisten rasgos comunes y específicos, organizados en distintos niveles de generalidad. Esta estructura es, a la vez, relativamente *unitaria* —por la presencia de tendencias compartidas de carácter abstracto, relacionante e innovador— y constitutivamente *múltiple*, como lo muestran las numerosas aptitudes. Se trata de una estructura abierta, con ciertas propiedades universales que aparecen, con variaciones, en todas las culturas, y que, al mismo tiempo, se muestra sensible a la invención, al aprendizaje y a la transformación histórica. El conjunto de rasgos diferenciales, comunes o diversos, tiende a organizarse jerárquicamente, desde el rasgo general, que se expresa en casi todo comportamiento inteligente, a los rasgos específicos, tantos como conductas, pasando por un número indefinido de niveles intermedios.

Desde una perspectiva pedagógica, este modelo invita a una concepción de la inteligencia que reconoce tanto la igualdad fundamental de los sujetos en su potencial de desarrollo como la singularidad de sus trayectorias. Supone, por tanto, una exigencia de atención a la diversidad, no como respuesta a una desviación respecto a la norma, sino como reconocimiento de la riqueza inherente a las diferencias interindividuales. Implica también asumir que el desarrollo intelectual no puede reducirse a la transmisión de contenidos, sino que ha de facilitar la emergencia de las capacidades latentes a través de contextos estimulantes de aprendizaje, culturalmente significativos y éticamente orientados. En definitiva, la teoría de la inteligencia unidiversa propone una mirada integradora, que articula la dimensión estructural y la dimensión formativa de la inteligencia, con la finalidad de contribuir al crecimiento personal y a la construcción de una sociedad más justa y responsable.

En el planteamiento que seguimos, inspirado en Yela (1987), destacan dos términos clave que hemos resaltado intencionadamente en cursiva: *unitaria* y *múltiple*. Con ellos alude a la estructura diferencial de la inteligencia, y sobre esa doble propiedad se asienta nuestra propuesta teórica de orientación pedagógica. La originalidad de nuestro enfoque reside precisamente en asumir y desarrollar esa visión bifronte: entendemos la inteligencia como una realidad que es, al mismo tiempo, una y diversa.

La teoría de la inteligencia unidiversa, en consecuencia, no emerge de la nada. Se construye sobre esta dualidad fecunda, que integra en una formulación con implicaciones educativas concretas. La educación, por tanto, no puede desentenderse de esa estructura dual. Reconocer la unidad y la multiplicidad de la inteligencia permite diseñar procesos formativos más sólidos y personalizados. Es en esa síntesis de unidad y diversidad, esto es, en esa inteligencia unidiversa y en su proyección educativa donde radica la especificidad de nuestra aportación.

Con el neologismo «unidiversa» se enfatiza la unidad de la inteligencia, al tiempo que se reconoce su valor interno, su versatilidad y su proyección sobre diversos campos. Esta concepción de la inteligencia como *unitas multiplex* no quiebra su unidad ni niega su multiplicidad. Así, se supera la dicotomía entre una inteligencia única y múltiples inteligencias.

Abordamos la inteligencia desde una perspectiva integradora, que trasciende y enriquece tanto los enfoques unitaristas como los pluralistas. Con humildad, pero con firmeza, es necesario afirmar que estamos ante una concepción del intelecto no solo más profunda desde el punto de vista psicológico, sino también con un mayor potencial pedagógico. Por ello, resulta imprescindible asumir el compromiso de avanzar en la mejora de la educación en este campo.

La inteligencia unidiversa: unitas multiplex

Este apartado profundiza en el potencial educativo que ofrece la teoría de la inteligencia unidiversa. Para ello, se analiza la estructura diferencial de la inteligencia desde diversas disciplinas y se exploran estrategias pedagógicas orientadas a su aplicación y desarrollo.

Según Yela (1987), la inteligencia no es simple, sino compleja, lo que nos permite advertir que nos encontramos ante un constructo unitario (sistema) y múltiple (numerosas aptitudes). La inteligencia es una estructura de múltiples aptitudes, desde la general, que interviene en casi todo, hasta las más vinculadas a cada situación particular, pasando por aptitudes de amplitud variable.

En contraposición a los enfoques que abogan por una estricta modularidad o parcelación de la mente, como el planteado por Fodor (1986), sostenemos que, aunque existe una cierta autonomía y especificidad en las capacidades intelectuales, estas mantienen una interdependencia relativa que refleja la complejidad de su funcionamiento integrado.

El cerebro humano muestra una arquitectura funcional que combina modularidad e integración (Bertolero, Yeo y D'Esposito, 2015). Las capacidades cognitivas presentan una autonomía relativa que permite su especificidad y funcionalidad en diferentes contextos. Sin embargo, estas capacidades no operan de manera aislada, sino que están interconectadas y muestran una interdependencia significativa dentro de un sistema cerebral integrado. Esto coincide con lo planteado en la teoría de la inteligencia unidiversa, que no fragmenta la inteligencia en compartimentos aislados, sino que la interpreta como un sistema unitario que incorpora y conecta una variedad de aptitudes. Además, el principio de interdependencia presente en la modularidad e integración cerebral apoya la idea de que la inteligencia unidiversa mantiene una cohesión interna que permite la manifestación de sus múltiples expresiones en distintos contextos. Ambas visiones reflejan un equilibrio entre especificidad y conexión, y subrayan que la inteligencia es, al mismo tiempo, una y diversa, versátil y coordinada.

En esta línea, Díez et al. (2024) se hacen eco de trabajos que revelan que la conectividad cerebral no permanece fija, sino que se reorganiza de manera continua en función del desarrollo y la experiencia. Este dinamismo se expresa en la forma en que el cerebro modula su estructura interna, que combina zonas densamente conectadas —que favorecen la especialización— con conexiones más amplias y dispersas entre distintos módulos —que permiten la integración—. Esta organización, simultáneamente modular y conectada, permite explicar cómo la inteligencia puede manifestarse de modos diversos sin perder su coherencia, lo que refuerza la teoría de la inteligencia unidiversa como una concepción que articula complejidad y unidad sin recurrir a la fragmentación.

Los hallazgos recientes de Hansen et al. (2024) amplían esta visión al mostrar que múltiples características organizativas de la actividad cortical pueden rastrearse hasta núcleos del tronco encefálico. Su estudio evidencia una conectividad funcional profunda entre estructuras subcorticales y la corteza, que da lugar a patrones de especialización y ritmos oscilatorios compartidos. Esta interrelación entre niveles jerárquicos del sistema nervioso refuerza la idea de una inteligencia unidiversa: un sistema cognitivo unificado que articula diversidad funcional sin escisión, sostenido por una arquitectura cerebral simultáneamente modular e integrada.

Por su parte, Onoda y Akama (2024), también desde una perspectiva neurocientífica, exploran la integración de la información en el cerebro humano desde el marco de la Teoría de la Información Integrada (IIT), y muestran cómo la conciencia —y, por extensión, las funciones cognitivas superiores— dependen de la conformación de un «complejo» altamente integrado, con especial protagonismo de la red frontoparietal. Este hallazgo subraya que el sistema nervioso opera como una red funcional unificada, en la que nodos especializados se encuentran interconectados, lo que refuerza también nuestra teoría.

La investigación de Aghanouri (2024) aporta evidencia neurobiológica que respalda igualmente la teoría de la inteligencia unidiversa, al demostrar cómo diversas regiones cerebrales, como la corteza prefrontal, la corteza parietal y el hipocampo, trabajan de manera integrada para facilitar funciones cognitivas complejas. Este estudio robustece los principios pedagógicos que promueven una educación centrada en la diversidad de procesos mentales y estilos de aprendizaje, ya que sugiere que la inteligencia no es una facultad estática ni homogénea, sino una construcción dinámica y compleja que emerge de la interacción entre distintas áreas del cerebro. Los hallazgos indican una mayor conectividad neuronal en sujetos con puntuaciones más altas en inteligencia, lo que refuerza el argumento de que la eficiencia intelectual surge precisamente de esa unidad funcional construida sobre la multiplicidad. La inteligencia unidiversa, por tanto, encuentra soporte neurofisiológico en una red cerebral flexible y dinámica, capaz de ejecutar funciones superiores, integrar información sensorial y consolidar la memoria, en un proceso continuo de interacción entre lo unitario y lo múltiple. Esta concepción integral enriquece la comprensión de la inteligencia desde una perspectiva neurobiológica y abre nuevas posibilidades para intervenciones educativas que fomenten el desarrollo intelectual a través del fortalecimiento de la conectividad cerebral, sin desatender, claro está, las aptitudes específicas.

En resumen, las investigaciones sobre topografía cerebral demuestran que el cerebro combina de manera compleja la globalización y la localización. Recurrimos también a un trabajo de Pinillos (1999), en cierto modo clásico, para recordar la actuación global del cerebro como un todo orgánico, lo que supone la interacción coordinada de sus estructuras mediante sistemas funcionales altamente plásticos, definidos por sus respectivas tareas u objetivos vitales.

La teoría de la inteligencia unidiversa y sus implicaciones pedagógicas

La teoría de la inteligencia unidiversa tiene importantes implicaciones pedagógicas, especialmente al considerar tres aspectos interrelacionados que requieren atención:

1. *La necesidad de tener en cuenta la circunstancia del sujeto a la hora de estudiar y cultivar la inteligencia.* Es fundamental que la educación se adapte a la situación personal, social y cultural de cada educando. Cada persona tiene un contexto único que influye en su aprendizaje y en su formación, y esto comprende el entorno familiar, las experiencias previas, las influencias culturales y la dimensión emocional. Ignorar estas circunstancias podría generar una uniformidad que desaproveche el potencial de cada estudiante. La teoría de la inteligencia unidiversa destaca que el sistema intelectual no es fijo, sino que se desarrolla de manera dinámica y en interacción constante con el contexto. Por tanto, a la hora de cultivar la inteligencia, los educadores deben considerar estas diferencias y diseñar estrategias

que se ajusten a la singularidad del educando. Se trata, al fin, de promover una educación personalizada.

2. *La relevancia de promover formativamente el desarrollo global de la inteligencia.* Esto implica fomentar todas las aptitudes intelectuales, no solo las directamente relacionadas con habilidades académicas, también aquellas que abarcan los aspectos emocionales, sociales, morales, entre otros que configuran al ser humano en su totalidad. La teoría de la inteligencia unidiversa defiende que la inteligencia no se limita a un conjunto de aptitudes aisladas, sino que es un sistema interrelacionado de capacidades que deben ser desarrolladas de forma conjunta. Fomentar el desarrollo global de la inteligencia supone estimular la memoria o el razonamiento lógico, pero también integrar habilidades como la sensibilidad, la apreciación de la belleza, la autorregulación emocional, el juicio ético y la cooperación en un enfoque educativo verdaderamente integral. Al proporcionar un entorno que favorezca el crecimiento en diversos campos aptitudinales, los educadores ayudan a los estudiantes a alcanzar su máximo potencial. Esta perspectiva fomenta una educación integral que contempla al alumno como persona.

3. 3. *La urgencia de abrir caminos para la intervención educativa en cada aptitud intelectual a través de métodos concretos. En un marco pedagógico global, es necesario activar y enriquecer cada aptitud mediante vías específicas que, lejos de quebrar la unidad intelectual, la fortalezcan, naturalmente desde el cultivo de la singularidad de cada educando.* No se trata solo de responder a la singularidad de cada estudiante, sino también de avanzar pedagógicamente en el despliegue formativo de todas las capacidades humanas. Esta intervención debe realizarse mediante métodos específicos que permitan activar, fortalecer y refinar cada tipo de aptitud, ya sea lingüística, matemática, afectiva, ética, social, etc. Esta especialización pedagógica no debe derivar en una fragmentación del sistema intelectual, sino que debe integrarse en un marco global que refuerce la unidad de la inteligencia.

Cada vía concreta de educación intelectual, lejos de debilitar la consistencia de la inteligencia, la enriquece, ya que aporta flexibilidad, profundidad y articulación entre las diversas aptitudes.

La triple acción pedagógica señalada asegura que todos los educandos alcancen mediante una praxis contextualizada una estructura intelectual mínimamente consistente, al tiempo que se cultiva la unicidad intelectual de cada escolar. Estos objetivos, en definitiva, permiten personalizar la educación.

La personalización implica que cada educando sea reconocido como portador de una estructura intelectual irrepetible. Desde la teoría de la inteligencia unidiversa, personalizar no significa adaptar mecánicamente el proceso a capacidades individuales concretas, sino promover un proceso formativo que integre la pluralidad de aptitudes en una unidad coherente y dinámica. La educación, en este marco, se encamina al desenvolvimiento de un sujeto intelectual pleno, cuya unicidad coexiste con lo común y se potencia a través de esa relación. La actividad intelectual no constituye un proceso autónomo, desligado del sujeto, ya que es la propia persona la que, a través de su conciencia y voluntad, moviliza y pone en práctica sus capacidades. Cada aptitud intelectual requiere una atención específica, articulada dentro de un proyecto global que busca formar personas reflexivas, creativas y socialmente comprometidas. Educar es convocar al educando a una tarea intelectual desafiante, en la que la diversidad de sus capacidades se organiza de manera coherente, sin que pierda su riqueza diferenciada, y donde el pensamiento se fortalece al dar sentido a la complejidad. Esta concepción de la educación exige una transformación sustancial de las prácticas pedagógicas actuales, con objeto de orientarlas al crecimiento integral del ser humano.

El atractivo de la teoría de las inteligencias múltiples está provocando en diversos contextos la adopción de metas educativas que podrían resultar contraproducentes. Esta teoría, en su interpretación más superficial, puede llevar a algunas instituciones y programas educativos a desatender aspectos fundamentales de la formación intelectual para centrarse exclusivamente en desarrollar una «inteligencia» específica identificada en el estudiante, incluso a expensas de su desarrollo integral. En relación con esto, Wrigley (2007, 92) señalaba hace algunos años que en el Reino Unido el Gobierno estaba promoviendo la creación de escuelas especializadas, orientadas a seleccionar estudiantes de 11 años según sus capacidades en áreas específicas, como matemáticas, idiomas, deportes y negocios. Según el propio Wrigley:

> puede parecer que esto es un avance sobre la idea de una inteligencia general fija, pero, ya que no hay mecanismos creíbles para identificar el potencial en estos campos, puede resultar que el sistema es únicamente una nueva forma de discriminación social. Servirá para seleccionar a aquellos niños cuyo entorno les ha dado mayores oportunidades de experimentar estos campos, o cuyos padres pueden expresarse mejor al abogar por su admisión.

Lo cierto es que este tipo de planes educativos, pese a la buena intención, podrían perjudicar a los estudiantes a los que se pretende beneficiar, ya que, al priorizar una especialización temprana, se corre el riesgo de limitar su formación intelectual básica, que es esencial para su desarrollo académico y personal.

Por lo tanto, la política educativa debe reconocer y abordar la unidiversidad intelectual, entendida como la necesidad de integrar tanto los aspectos fundamentales de la inteligencia como sus aptitudes específicas. Una visión anacrónica y monolítica de la inteligencia podría, sin lugar a duda, conducir a un modelo educativo limitado, incapaz de reconocer la complejidad intelectual inherente a nuestra especie y las diferencias intelectuales significativas entre los individuos. No obstante, una perspectiva excesivamente atomizada, que promueva la independencia de cada «inteligencia», corre el riesgo de generar enfoques pedagógicos elitistas y conceptualmente frágiles. Al priorizar el desarrollo de «inteligencias autónomas», estos enfoques pueden socavar la coherencia estructural esencial para el despliegue de aptitudes interdependientes y debilitar la base sobre la que se edifica la inteligencia.

En el marco general descrito, se sitúa la praxis educativa derivada de la teoría de la inteligencia unidiversa. A través de un enfoque que valora tanto la unidad como la pluralidad de las capacidades intelectuales, se busca una formación integral. Esta perspectiva desafía enfoques reduccionistas, ya que propone una educación que se adapta a la diversidad de las capacidades individuales sin perder de vista la coherencia y la interdependencia de todas ellas.

La educación intelectual unidiversa

A priori identificamos una serie de rasgos de la *teoría de la inteligencia unidiversa* que pueden servir de referencia pedagógica para su educación en entornos escolares:

1. *Reconoce la unidad y la complejidad de la inteligencia.* La teoría de la inteligencia unidiversa parte de la premisa de que la inteligencia, aunque múltiple en sus aptitudes y manifestaciones, constituye un conjunto integrado. Esto implica que las capacidades intelectuales no operan de manera aislada, sino que están interrelacionadas en un sistema en el que cada componente contribuye a la totalidad. Se adopta una visión holística de la inteligencia en el ámbito educativo, lo que exige diseñar estrategias de enseñanza que la aborden de manera integral.

2. *Identifica una nueva estructura aptitudinal, con doce aptitudes interdependientes.* La teoría propone una configuración novedosa de aptitudes interconectadas, cada una con influencia mutua sobre las demás. En el contexto educativo, esta estructura invita a trabajar y reconocer la diversidad intelectual de los estudiantes, así como a potenciar cada aptitud sin soslayar su interacción con las demás. Estas aptitudes intelectuales incluyen la capacidad de análisis y expresión lingüística, el razonamiento matemático, la creatividad artística y la reflexión ética, entre otras, todas fundamentales para el despliegue integral del educando.

3. *Enfatiza la índole humano-social de la inteligencia.* La inteligencia, según esta concepción, abarca habilidades cognitivas o académicas, pero también aspectos emocionales, sociales, morales, entre otros. Esto significa que su formación debe integrar experiencias interpersonales y colaborativas. En la práctica educativa, esto implica cultivar la vertiente axiológica, fomentar el aprendizaje cooperativo, la resolución de problemas en grupo y la reflexión crítica sobre cuestiones sociales, con objeto de promover una inteligencia que contribuya tanto al crecimiento personal como al bienestar colectivo.

4. *Subraya que la inteligencia está integrada en la personalidad.* La inteligencia no es un atributo aislado; forma parte integral de la personalidad y se entrelaza con las emociones y valores. En los procesos educativos se destaca la importancia de considerar las características emocionales, motivacionales y éticas del estudiante. La educación intelectual no puede centrarse únicamente en la vertiente cognitiva, debe ayudar al alumnado a construir una visión del mundo y de sí mismo. Esto refuerza la importancia de un enfoque educativo integral, en el que cada nueva adquisición tenga un significado personal y ético para cada estudiante.

5. *Hace hincapié en el dinamismo intelectual, susceptible de mejorarse.* A diferencia de concepciones deterministas de la inteligencia, la teoría unidiversa destaca su carácter dinámico y mejorable a lo largo de la vida. Esto se traduce en una pedagogía que más que medir la inteligencia pretende potenciarla mediante experiencias formativas ricas, desafiantes y personalizadas. El proceso educativo debe centrarse en fomentar el pensamiento crítico, la creatividad y la metacognición para fortalecer el aprendizaje autónomo y reflexivo.

6. *Destaca la necesidad de cultivar tanto el tronco intelectual como las distintas aptitudes en función de la singularidad de cada educando.* La educación intelectual unidiversa defiende una doble vía de desarrollo. Por un lado, fortalecer las capacidades gene-

rales que sustentan el sistema intelectual y, por otro, atender las distintas aptitudes. Esto implica una educación flexible y diversificada que, en lugar de imponer un único modelo, permita a cada alumno desplegar sus fortalezas y compensar sus limitaciones. En la práctica, esto sugiere una educación que combine formación común con itinerarios personalizados que respeten los intereses y las capacidades individuales.

7.   *Impulsa la personalización educativa en el terreno intelectual.* Esta teoría queda comprometida con una educación personalizada que, en lo posible, adapte los contenidos y métodos a cada estudiante y que, al mismo tiempo, le permita desarrollar su propio estilo intelectual. Esto requiere el uso de estrategias didácticas variadas, la integración de procesos adaptativos y la promoción de la autonomía intelectual. Se trata de favorecer la motivación y el compromiso del alumnado de manera que cada educando avance a su propio ritmo y desarrolle plenamente su potencial intelectual.

El alcance real de una educación intelectual fundada en una concepción relacional y social de la inteligencia como la que venimos proponiendo depende de diversos factores interdependientes, entre los que destacan el conocimiento teórico, la adhesión a los principios pedagógicos por parte del profesorado y el equipo directivo, y la competencia didáctica necesaria para traducir esos principios en prácticas significativas.

Por un lado, resulta imprescindible que los agentes educativos conozcan los fundamentos epistemológicos, psicológicos y pedagógicos que sustentan esta concepción de la inteligencia. No basta con aplicar metodologías activas o promover el trabajo en grupo como un conjunto de técnicas descontextualizadas; se requiere una apropiación crítica del marco teórico que justifique dichas estrategias. Esta comprensión favorece decisiones pedagógicas coherentes, evita contradicciones y permite una mejor adaptación a los contextos educativos específicos.

Por otro lado, la adhesión a los fundamentos de esta propuesta teórica no puede limitarse a un asentimiento formal. Supone una toma de postura activa sobre el papel que cumple la educación intelectual en la formación de personas empáticas, conscientes de la complejidad del mundo y socialmente responsables. Se requiere esta implicación ética para una práctica educativa auténtica y transformadora.

Incluso con una sólida formación y compromiso, la adecuación del proceso dependerá de la capacidad del profesorado para despertar el interés de los alumnos y generar un ambiente estimulante. Aquí entran en juego la creatividad didáctica, la habilidad para diseñar experiencias intelectualmente desafiantes y emocionalmente significativas, y la sensibilidad para conectar los contenidos con los intereses y vivencias del alumnado. La motivación requiere prácticas educativas innovadoras y articuladas.

Por tanto, la educación intelectual, desde esta perspectiva, demandas profesionales de la educación comprometidos y con acreditada competencia didáctica, animados y preparados para adoptar un enfoque que, en lugar de reducir la inteligencia a la mera resolución de tareas individuales, la concibe como una potencialidad dinámica, ligada a las relaciones humanas, al contexto sociocultural y a los valores.

La proyección pedagógica derivada de la inteligencia reconceptualizada requiere considerar principios fundamentales que guíen su aplicación práctica. Entre ellos, sobresale la necesidad de involucrar a la comunidad educativa. Asimismo, es esencial fomentar una actuación coordinada y colegiada del profesorado, que asegure la coherencia y pertinencia de las acciones pedagógicas.

Resulta imprescindible mantener una actitud abierta a la innovación y adoptar enfoques flexibles que respondan a las demandas de un entorno educativo en constante transformación. En este marco, cada área de enseñanza debe asumir, con el apoyo de orientadores y técnicos, aquellas competencias que puedan integrarse apropiadamente dentro de su ámbito específico. Por supuesto, una atención especial debe dirigirse a las características particulares y las circunstancias personales de los educandos, con sensibilidad y flexibilidad para responder adecuadamente a sus necesidades y situaciones.

Todas las consideraciones anteriores sobre la educación intelectual han de entenderse en un contexto formativo integral, no meramente funcional. No se trata solo de capacitar a los individuos para resolver problemas o adaptarse a las exigencias del entorno, sino de propiciar un desarrollo que tenga sentido en términos personales, éticos y sociales. No en vano, lo que nos planteamos es que el despliegue de la inteligencia unidiversa, esto es, una inteligencia que integra pluralidad y unidad contribuya al despliegue de la personalidad en su totalidad.

Desde una perspectiva pedagógica, esta concepción comporta la exigencia de diseñar procesos educativos que articulen el crecimiento de las diversas aptitudes intelectuales con el cultivo de la interioridad, la sensibilidad y la apertura al otro. En este sentido, educar la inteligencia no puede desvincularse de la formación del juicio, de la capacidad de diálogo, de la orientación en valores y del reconocimiento del otro como interlocutor legítimo.

La unidad de la persona, en tanto que ser relacional y perfectible, exige una educación que promueva el proceso de integración personal. Esto implica generar condiciones que favorezcan tanto el rigor intelectual como la autenticidad existencial de modo que el saber se proyecte hacia una vida más consciente, responsable y humana, sin quedar reducido a un ejercicio mecánico desvinculado de sentido vital y ético.

Nuestro enfoque parte del rechazo a cualquier concepción de la inteligencia que la separe artificialmente de la persona realmente existente, concreta y situada. Este reduccionismo ha sido característico de ciertas corrientes cognitivistas que, al desentenderse de la complejidad del sujeto, han promovido una visión mecanicista de la mente, desconectada de la vida, de la afectividad y del compromiso ético. Frente a esta óptica empobrecida, es necesario subrayar que la formación intelectual no se justifica únicamente por su funcionalidad técnica o por su rendimiento instrumental, sino porque responde a una necesidad profundamente humana: la de conferir sentido a la propia existencia en relación con el mundo y con los demás.

Educar la inteligencia implica suscitar en el alumno el deseo de comprender tanto su mundo interior como la realidad compartida, así como desarrollar una mirada crítica, comprometida y abierta al diálogo. La inteligencia, así entendida, no es un atributo aislado, sino una capacidad que, en interacción con otras dimensiones personales, ilumina la acción y orienta la libertad. En términos operativos, la autonomía personal, nutrida por una inteligencia integrada y relacional, se manifiesta en la elaboración progresiva del proyecto de vida, en el que el pensamiento, el sentimiento y la voluntad encuentran una dirección orientada al bien, propio y común.

Finalmente, invitamos al lector a adentrarse en los aspectos prácticos de la teoría de la inteligencia unidiversa, tal como se expone en el libro de Martínez-Otero (2020). A lo largo de este capítulo, hemos presentado las bases teóricas de esta propuesta y su relevancia pedagógica. A partir de ahora, la atención puede dirigirse hacia cómo esta teoría se traduce en la práctica educativa, donde adquiere una especial relevancia en el diseño curricular y en la metodología que busca atender la esfera intelectual del alumnado. De este modo, la inteligencia unidiversa no solo se conceptualiza, sino que se convierte en una referencia clave para lograr una educación personalizada.

Referencias

Aghanouri, R. (2024). Neurobiological definition of intelligence: a neuroscience review. *Biomedical and Biotechnology Research Journal, 8*(3), 261-266. https://doi.org/10.4103/bbrj.bbrj_229_24

Bertolero, M. A., Yeo, B. T. T., & D'Esposito, M. (2015). Modular and integrative functional architecture of the human brain. *Neuron, 86*(6), 1518-1531. https://doi.org/10.1016/j.neuron.2015.05.022

Castilla del Pino, C. (2000). *Teoría de los sentimientos*. Barcelona, Tusquets.

Díez, I., Troyas, C., Bauer, C. M., Sepulcre, J., & Merabet, L. B. (2024). Reorganization of integration and segregation networks in brain-based visual impairment. *NeuroImage: Clinical, 44,* 103688. https://doi.org/10.1016/j.nicl.2024.103688

Fodor, J. A. (1986). *The modularity of mind: an essay on faculty psychology.* MIT Press.

Hansen, J. Y., Cauzzo, S., Singh, K. *et al.* (2024). Integrating brainstem and cortical functional architectures. *Nature Neuroscience, 27,* 2500-2511. https://doi.org/10.1038/s41593-024-01787-0

Hauser, M. D. (2008). *La mente moral.* Barcelona, Paidós.

Kincheloe, J. L. (2004). Fundamentos de una psicología educativa democrática. En J. L. Kincheloe, Sh. R. Steinberg y L. E. Villaverde (Comps.), *Repensar la inteligencia.* Madrid, Morata.

López Aranguren, J. L. (1981). *Ética.* Madrid, Alianza.

Martínez-Otero, V. (2009). Propuestas educativas derivadas de la teoría de la inteligencia unidiversa. *Revista Iberoamericana de Educación, 50*(1), 1-11.

Martínez-Otero, V. (2020). *Rendimiento escolar y formación integral.* Barcelona, Octaedro.

Onoda, K., & Akama, H. (2024). Exploring complex and integrated information during sleep. *Neuroscience of Consciousness, 2024*(1), niae029. https://doi.org/10.1093/nc/niae029

Pinillos, J. L. (1999). *Principios de psicología.* Madrid, Alianza Editorial.

Sarramona, J. (2000). *Teoría de la educación. Reflexión y normativa pedagógica.* Barcelona, Ariel.

Spearman, Ch. (1927). *The abilities of man: their nature and measurement.* London, Macmillan.

Wrigley, T. (2007). *Escuelas para la esperanza.* Madrid, Morata.

Yela, M. (1987). *Estudios sobre inteligencia y lenguaje.* Madrid, Pirámide.

Zubiri, X. (1991). *Inteligencia sentiente.* Madrid, Alianza Editorial-Fundación Xavier Zubiri.

¿Qué aporta la psicología positiva a la educación del carácter de adolescentes en situación de vulnerabilidad? Perspectiva crítica y esperanza futura

Ana de la Peña, Idoia Correa y Juan Luis Fuentes

«Y lo que parecía imposible ocurrió.

Quizás porque treinta años de guerras y cuatro de discusiones, son muchos años. Quizás porque al ver a todos aquellos niños, por un momento, también los Embajadores pensaron que la vida debía ser algo mejor y más hermoso para todos, que el guerrear y discutir por la Pomerania, la Alsacia o la Lorena. Y el morir de hambre, de frío, o en un campo de batalla.

Lo cierto es que los señores Embajadores también empezaron a sonreír.

En las manos de los niños, las ramas se agitaban convirtiendo la plaza entera en un mar de verde esperanza».

Marta Osorio, *Jinetes en caballos de palo*, 2005.

Introducción: de la reparación del daño a la búsqueda de una vida plena

Las heridas de la Segunda Guerra Mundial fueron tan profundas que dejaron cicatrices en diversos ámbitos de conocimiento, entre los que se encuentra la psicología. Tras el conflicto internacional, esta disciplina intensificó su mirada hacia el estudio y el tratamiento de los trastornos mentales, relegando a un segundo plano el análisis de las cualidades que contribuyen a una vida plena y feliz (Seligman, 1998). Sin embargo, este paradigma comenzó a cuestionarse a partir de la redefinición del concepto de salud propuesto por la Organización Mundial de la Salud (OMS) en 1948, el cual estableció que implica un «estado de completo bienestar físico, mental y social, y no solamente la ausencia de afecciones o enfermedades» (OMS, 2014). Tal planteamiento se convirtió en una semilla que germinó paulatinamente y llegó a marcar un giro conceptual muy significativo hacia la prevención y la promoción de aspectos salutogénicos, sentando las bases para futuros desarrollos en el estudio del bienestar humano.

Este cambio de enfoque se vio también reflejado en otros ámbitos, como en la concepción de la propia psicología. Pero no fue hasta 1998, durante su discurso inaugural como presidente de la Asociación Americana de Psicología (APA), cuando Martin Seligman criticó la tendencia que había adoptado la psicología de centrar su atención en la patología y propuso un enfoque alternativo orientado a comprender cómo las personas prosperan en condiciones favorables (Seligman, 1998). De este modo, la psicología positiva emergió formalmente como disciplina científica planteando que prevalecía un sesgo negativo en la investigación psicológica de los últimos años, donde el enfoque principal estaba en las emociones negativas y en el tratamiento de los problemas y trastornos de salud mental. Aunque los conceptos básicos de bienestar, felicidad y florecimiento humano habían sido estudiados desde una perspectiva psicológica, su análisis sistemático se había subestimado, encontrándose una clara ausencia de intervenciones basadas en evidencias científicas que apoyaran las ideas planteadas. La psicología positiva se define así como el estudio científico de las experiencias subjetivas positivas —como la felicidad y la satisfacción— y los rasgos individuales positivos —como las virtudes y fortalezas de carácter—, atendiendo a aquellos constructos e instituciones relacionadas con la promoción del bienestar (Seligman, & Csikszentmihalyi, 2000). Asimismo, su objetivo no solo es comprender los mecanismos que permiten a los individuos florecer, sino también desarrollar intervenciones preventivas mediante la potenciación de recursos emocionales y sociales (Gable, & Haidt, 2005). En definitiva, este enfoque representa un cambio epistemológico al ampliar el espectro de investigación psicológica más allá de la mera ausencia de enfermedad, hacia la construcción de una vida significativa y satisfactoria.

Estudios empíricos recientes respaldan su utilidad en intervenciones con poblaciones juveniles, en general (Mengfei, 2024; Saboor *et al.*, 2024; Verma, 2024; Hernández-Torrano *et al.*, 2025; Lekamge *et al.*, 2025), y con grupos específicos como el caso de niños, niñas y adolescentes (NNA) en sistemas de protección, de manera particular (Teodorczuk *et al.*, 2019). De esta forma, la psicología positiva reconoce que todos los NNA tienen fortalezas que se potenciarán cuando se alineen con los recursos requeridos en los diversos ámbitos en los que viven e interactúan (Lerner, 2005). En este sentido, intervenciones basadas en los principios de la psicología positiva han demostrado tener efectos positivos sobre el bienestar de los jóvenes, mitigando también síntomas de malestar (Saboor *et al.*, 2024; Fernandes *et al.*, 2024). Así pues, la aplicación de modelos de bienestar en adolescentes en riesgo no solo es pertinente, sino necesaria, pues proporcionan un marco para intervenciones efectivas que abordan las necesidades específicas de esta población, promoviendo su desarrollo integral y facilitando su integración social. Es más, para la adolescencia protegida, este enfoque de psicología positiva puede ser más accesible, aceptable y deseable, ya que el enfoque tradicional tiende a centrarse en mejorar problemas inmediatos en lugar de fomentar la salud y el bienestar a largo plazo.

En este capítulo, vamos a analizar el potencial transformador de la psicología positiva con la adolescencia en situación de vulnerabilidad, enfatizando su capacidad para fomentar fortalezas personales, habilidades socioemocionales y virtudes éticas que promuevan la resiliencia y el crecimiento positivo. Se argumenta que las intervenciones basadas en estos principios no solo pueden capacitar a los jóvenes para afrontar la adversidad y construir trayectorias vitales esperanzadoras, sino que también ofrecen una oportunidad para generar un sentido de propósito y agencia a largo plazo. Considerando las barreras estructurales y las contradicciones inherentes a los marcos de intervención actuales, este análisis crítico examina tanto las posibilidades como las limitaciones de la psicología positiva, destacando su capacidad para empoderar a los adolescentes protegidos mediante estrategias conceptuales y prácticas. Finalmente, se analizan algunas líneas concretas de trabajo socioeducativo que permiten una integración innovadora de la psicología positiva en la línea de la educación del carácter, como una respuesta sostenible y transformadora que no solo atiende las necesidades inmediatas de esta población, sino que también es capaz de fortalecer su capacidad de adaptación, su contribución al desarrollo comunitario y al florecimiento individual.

La adolescencia en situación de vulnerabilidad: aspectos críticos

La adolescencia es una etapa vital caracterizada por la aparición de numerosos procesos de transición que supone un tiempo decisivo en el desarrollo de los seres humanos, especialmente en lo relativo a la conformación de su identidad personal. Se enfrentan cambios cualitativos en el crecimiento físico y madurez sexual, que implican un cuestionamiento de las continuidades y semejanzas previamente establecidas, mientras se navega por las expectativas sociales y las relaciones con los pares (Erikson, 1968). Todo ello contribuye a su configuración como un tiempo especialmente vulnerable psicológicamente, durante el cual 1 de cada 7 jóvenes de entre 10 y 19 años padece algún trastorno mental (OMS, 2024).

Por otra parte, no todos los menores poseen las mismas oportunidades para crecer en un entorno seguro y protector, ni para alcanzar un desarrollo pleno. Es por ello por lo que la protección de la infancia y la adolescencia se concibe en la actualidad como un deber de los Estados que responde a un grupo de derechos fundamentales y que se articula en un conjunto de acciones, desarrolladas por los propias administraciones públicas y por otras entidades privadas, encaminadas a detener o evitar situaciones de explotación, exposición a alguna forma de perjuicio, abuso físico o mental, abandono, descuido o trato negligente, prácticas nocivas y violencia contra NNA (UNICEF, 2021).

Los NNA protegidos se consideran en riesgo de exclusión debido a variados factores de vulnerabilidad asociados con su historia personal, familiar y social. Estas circunstancias no solo afectan a su desarrollo emocional, sino que también dificultan su acceso a oportunidades educativas, laborales y sociales, lo que es susceptible de perpetuar los ciclos de exclusión. Entre las razones clave del riesgo de exclusión en la adolescencia protegida, cabe encontrar las siguientes:

- *Historia de trauma o negligencia*: Muchos adolescentes bajo sistemas de protección han vivido situaciones de abuso físico, emocional o sexual, o han sido víctimas de negligencia parental. Estas experiencias de interrupción en las relaciones de apego temprano tienen consecuencias negativas en el desarrollo emocional y social, impactando su autoestima o su capacidad para establecer relaciones saludables (Bowlby, 1969).
- *Estigmatización y discriminación social:* Suelen enfrentarse a prejuicios y estigmas debido a su situación, lo que influye en la construcción de su identidad, dificultando su integración social y oportunidades futuras (Goffman, 1963).
- *Falta de oportunidades:* Los NNA pueden experimentar brechas significativas en su educación debido a cambios frecuentes en sus entornos de cuidado o dificultades en el acceso a recursos (educativos, sociales, psicológicos, etc.), lo que afecta a su de-

sarrollo académico y, en consecuencia, a su acceso al empleo (Ungar, 2013).

- *Déficit en redes de apoyo:* La ausencia de un entorno familiar estable y de relaciones sólidas y positivas limita el acceso de NNA a redes de apoyo social y emocional, que resultan esenciales para su desarrollo integral y especialmente para la adquisición de la resiliencia (Masten, 2001; Ungar, 2013).
- *Insuficiente respuesta institucional:* Lamentablemente, los sistemas de protección presentan en ocasiones deficiencias que no permiten satisfacer todas las necesidades de los NNA protegidos, especialmente en términos de atención psicológica y mental, educación o transición a la vida adulta (Hambrick *et al.*, 2016; Núñez *et al.*, 2022; Stein, 2006). Se enfrentan desafíos importantes como el alto número de cambios de centro, de figuras de referencia y de entornos en los que residen, las limitaciones en las capacidades y falta de formación especializada por parte de los cuidadores, las necesidades agudas y severas de salud conductual, o la atención más prioritaria en la contención que en la promoción de oportunidades reales de inclusión y desarrollo pleno.

La confluencia de estos factores requiere el desarrollo de intervenciones altamente específicas y especializadas con este grupo concreto de población (Melendro *et al.*, 2016), encaminadas a activar en NNA factores protectores tanto internos —fortalezas personales— como externos —apoyo social y recursos disponibles— (Harvey Narváez *et al.*, 2021). En este sentido, Côté y Levine (2002) definen el *capital de identidad* como un conjunto de recursos personales y sociales que los individuos acumulan a lo largo de la vida y utilizan para sustentar su identidad, lo que les ayuda a entender las variaciones individuales en el desarrollo durante la transición a la vida adulta y, por consiguiente, resulta esencial para que enfrenten y se adapten estratégicamente a las complejidades, demandas y oportunidades. Sin embargo, en el caso de NNA protegidos, la ausencia de estos factores protectores genera una mayor propensión a enfrentar problemas de salud física y emocional, en cuanto que, por la naturaleza de su etapa del ciclo vital caracterizado por los cambios constantes, son más vulnerables a los factores de riesgo (Freire Gavilanes, & Salazar, 2024). Con la edad, las personas acumulan recursos cognitivos y afectivos: la vida se organiza, y la estabilidad emocional y el apoyo social crecen (Sánchez-Aragón, 2020). Sin embargo, la población en sistemas de protección muchas veces carece de oportunidades y recursos, lo que lleva a que este proceso natural se vea truncado en comparación con la población general.

El bienestar en adolescentes protegidos desde la perspectiva de la psicología positiva

El bienestar emocional es un objetivo clave en los sistemas de protección a la infancia. La psicología positiva propone intervenciones con la misma finalidad, basándose en estrategias variadas que han demostrado ser efectivas para mejorar la salud mental en contextos educativos y de cuidado. La implementación de modelos de bienestar subjetivo en adolescencia en riesgo de exclusión o bajo sistemas de protección, muestra resultados prometedores. Estas intervenciones, especialmente cuando se centran en fortalecer el apoyo social y la resiliencia, contribuyen significativamente al bienestar y desarrollo saludable de esta población vulnerable. A continuación, vamos a analizar algunas de sus aportaciones más significativas.

3.1. Las 24 fortalezas de carácter

El carácter ha sido definido, desde la perspectiva de la psicología positiva, como un conjunto de rasgos de personalidad que se manifiesta en los pensamientos, sentimientos y acciones de una persona (Park, & Peterson, 2003). Para la mayoría de los adolescentes, el carácter se encuentra en fase de desarrollo y está lejos de ser unitario, por lo que es un momento vital clave para la intervención desde la adolescencia temprana.

La psicología positiva enfatiza la identificación y el desarrollo de las fortalezas del carácter, entendidas como rasgos psicológicos universales que permiten a las personas desplegar su potencial, promover el bienestar, enfrentar adversidades y adaptarse a contextos adversos. Numerosos estudios han demostrado que las fortalezas del carácter pueden prevenir de manera efectiva resultados psicológicos negativos en los adultos (Qien *et al.*, 2022). Más concretamente, se ha encontrado que mayores niveles de fortalezas del carácter durante la adolescencia son predictores de una mayor satisfacción con la vida y bienestar general en el futuro (Gillham *et al.*, 2011). En la adolescencia, el reconocimiento de las fortalezas personales tiene además un papel clave en el asentamiento de la identidad y de la autoestima (Giménez *et al.*, 2010).

Peterson y Seligman (2004) nos presentan una clasificación de 24 fortalezas del carácter organizadas en torno a seis virtudes: sabiduría y conocimiento; humanidad; justicia; valentía; templanza; y trascendencia. Es decir, las fortalezas del carácter son rasgos moralmente significativos y universalmente reconocidos, que conducen a las virtudes o las ejemplifican, contribuyendo al funcionamiento psicológico óptimo y al bienestar individual (Park y Peterson, 2006).

Este modelo es especialmente relevante para la adolescencia en riesgo de exclusión o bajo sistemas de protección por varias razones. En primer lugar, proporciona un marco estructurado para sustituir la intervención tradicional basada en un enfoque deficitario, por otro de índole proactivo y preventivo. La psicología positiva no se limita a reparar el daño, sino que busca además identificar y potenciar recursos, donde las fortalezas actúan como factores protectores contra diversos problemas conductuales y psicológicos. Segundo, estas fortalezas constituyen herramientas para la autonomía, que empoderan a los adolescentes a tomar decisiones informadas y, lo que es más importante, construir proyectos de vida a largo plazo (Pérez *et al.*, 2022). En tercer lugar, estos jóvenes suelen cargar con el peso del estigma social y los estereotipos, por lo que centrarse en sus fortalezas, posibilita reforzar su autoestima y les permite redefinir su identidad más allá de la vulnerabilidad, las bajas expectativas y la victimización. Además, las fortalezas actúan como amortiguadores en aspectos críticos como el aislamiento típico presente en poblaciones bajo sistemas de protección. Wu y Lee (2022) identificaron que el apoyo de los progenitores y de los pares constituyen los predictores más significativos del bienestar subjetivo en adolescentes a nivel mundial, resaltando la importancia de las relaciones interpersonales en su desarrollo. A tal efecto, se ha observado que ciertas fortalezas del carácter están asociadas con la aceptación entre pares, la calidad de las relaciones interpersonales en adolescentes, o la reconciliación en entornos conflictivos, lo cual es crucial para su integración social y desarrollo emocional saludable (Wagner, 2018). Ahora bien, como afirman Seligman y Peterson (2004), las fortalezas deben contextualizarse, es decir, su cultivo no puede realizarse sobre ideas abstractas, sino que, dado su carácter práctico, deben aplicarse a situaciones concretas. Por ejemplo, la prudencia ayuda a adolescentes en exclusión a evaluar riesgos en entornos inseguros, mientras que la espiritualidad puede ofrecer un marco de sentido ante la inestabilidad.

3.2. Aportaciones del modelo PERMA

El modelo PERMA propuesto por Seligman (2011) se centra en cinco pilares que facilitan el florecimiento humano, a saber, emociones positivas —*Positive emotions*—, compromiso —*Engagement*—, relaciones —*Relationships*—, sentido —*Meaning*— y logros —*Accomplishment*—. Estos pilares ofrecen un marco estructurado para abordar y mejorar aspectos clave del bienestar, en cuanto que permite: (a) identificar áreas críticas, al evaluar dimensiones concretas, es posible detectar aspectos específicos que requieren intervención; (b) diseñar intervenciones personalizadas, porque comprender las necesidades individuales facilita la creación de programas adaptados que promuevan el desarrollo personal y social; y (c) fomentar la resiliencia y autoestima, al centrarse en fortalezas y logros, estos modelos ayudan a construir una imagen positiva de uno mismo, esencial para superar adversidades.

Investigaciones recientes han demostrado la efectividad de este modelo en adolescentes vulnerables, promoviendo conductas positivas, mejorando la autoestima y el rendimiento académico, e impulsando el bienestar en general (Llosada-Gistau *et al.*, 2017). Cada uno de los elementos de PERMA adquiere una relevancia especial para promover el desarrollo saludable y prevenir problemas psicológicos en este grupo poblacional. Se sabe que las emociones positivas amplían los repertorios psicológicos, sociales y conductuales de las personas. Esta ampliación no solo afecta nuestro comportamiento inmediato, sino que también contribuye a la construcción de recursos personales duraderos, actuando como amortiguadores que mejoran nuestro bienestar y resiliencia (Fredrickson, 2001). En cuanto al compromiso, se ha evidenciado que es capaz de prevenir conductas típicas nocivas asociadas a adolescentes protegidos. Este constructo está asociado negativamente con la deserción escolar (Gutman, & Schoon, 2018; Engels *et al.*, 2020), el consumo de sustancias nocivas para la salud, como el tabaco o el alcohol, una actitud desafiante hacia la autoridad (Pérez-Fuentes *et al.*, 2021) o una baja autoestima (Zhao *et al.*, 2021).

En tercer lugar, las relaciones interpersonales positivas son esenciales para el desarrollo saludable de los adolescentes, quienes suelen mostrar preocupación por su paisaje interpersonal, particularmente en lo que respecta a las relaciones con sus pares (Ellis *et al.*, 1981; Harris, 1998). El simple contacto interpersonal no es suficiente, sino que la calidad de las relaciones entre pares tiene múltiples impactos en su desarrollo positivo (Shaffer *et al.*, 2013). Además, en los sistemas de protección, donde es habitual que los jóvenes hayan experimentado rupturas o traumas familiares, la psicología positiva enfatiza la importancia de construir vínculos seguros y de apoyo con cuidadores y pares. Esto es clave si tenemos en cuenta que las relaciones predecibles y saludables pueden, con el tiempo, ayudar a los niños a redefinir sus modelos de funcionamiento internos y los esquemas que han desarrollado para entender el mundo y a los demás (Bowlby, 1969). La necesidad de figuras de apego y los obstáculos para formar y mantener relaciones con cuidadores alternativos sugieren que las relaciones entre pares pueden proporcionar una vía adicional o alternativa a través de la cual los jóvenes pueden satisfacer sus necesidades de apego (Haddow *et al.*, 2021). De esta forma, vínculos estables con cuidadores o mentores mitigarían el aislamiento que caracteriza a este grupo de población, mientras que promover vínculos afectivos sólidos y redes de apoyo fomenta un sentido de pertenencia y confianza, es esencial para el desarrollo social y emocional y está directamente relacionado con el bienestar psicológico en adolescentes a largo plazo (Ye, & Ye, 2020; Seok y Doom, 2022). Asimismo, el apoyo social percibido se correlaciona con mayor satisfacción vital en adolescentes institucionalizados (Hambrick *et al.*, 2016).

En cuanto al siguiente constructo, el sentido, la evidencia científica apunta que la presencia de significado en la vida es un factor clave para el bienestar subjetivo y psicológico en adolescentes, pues favorece la estabilidad emocional, el ajuste psicológico y la satisfacción con la vida (Krok, 2018; Park, Park y Peterson, 2010). Entendemos una vida con significado como aquella en la que las personas se sienten conectadas con algo más grande que ellas mismas (Peterson *et al.*, 2005). El período de la adolescencia está asociado con cambios significativos en la búsqueda de un sentido y en los procesos de toma de decisiones relacionados con el significado, los valores y las metas (Krok, 2018). Es decir, la adolescencia es un periodo clave en la construcción del significado en la vida, por lo que encontrar ese significado y establecer una filosofía de vida coherente son algunos de los temas críticos que subyacen a los procesos de desarrollo durante este periodo vital (Erikson, 1982).

El último elemento del PERMA, los logros, es esencial en cuanto a que reconocer avances académicos o sociales refuerza la autonomía, clave para la transición a la vida adulta. A medida que los jóvenes mayores salen del sistema de protección y comienzan a vivir de manera independiente, enfrentan dificultades adicionales y, a menudo, no logran resultados similares a los de sus pares de la misma edad (Courtney, & Hook, 2017). No es sorprendente que se sientan poco preparados para su transición hacia la vida independiente (Courtney *et al.*, 2001), y la prevalencia de resultados negativos durante esta transición respalda su afirmación (Núñez *et al.*, 2022). Sin embargo, existe evidencia acerca de que el logro de metas personales conduce a un estado emocional mejorado (Martow *et al.*, 2022). En consecuencia, el establecimiento de metas es un aspecto clave de muchas intervenciones basadas en la psicología positiva, que han mostrado beneficios relacionados con el bienestar.

3.3. La resiliencia como eje transversal en la adolescencia protegida

La resiliencia es definida como la capacidad de adaptarse positivamente frente a la adversidad que permite evitar las consecuencias sociales, psicológicas y biológicas negativas del estrés extremo que, de otro modo, comprometería el bienestar psicológico o físico (Russo *et al.*, 2012). Es un principio central de la psicología positiva y resulta especialmente relevante en la adolescencia, una etapa caracterizada por significativos cambios biológicos, psicológicos y sociales. En ella, el individuo se ve inmerso en un proceso de formación de la propia identidad caracterizado por la confusión, la incertidumbre y la desvinculación relativa de las referencias familiares en una adquisición progresiva de autonomía, en el que la capacidad de adaptación, la flexibilidad y la superación de las dificultades desempeñan un papel fundamental. Esto es más significativo aún en los adolescentes con medidas de protección, quienes habitualmente presentan una historia vital aderezada de experiencias negativas y/o traumáticas, por lo que el fortalecimiento de la resiliencia es un aspecto esencial para un desarrollo saludable y el bienestar futuro. En estos casos, esta capacidad actúa como un amortiguador o catalizador, que facilita una adaptación positiva a las nuevas circunstancias, así como mirar al futuro con una nueva perspectiva esperanzadora.

Seligman (2002) argumenta que la resiliencia surge de situaciones extremadamente difíciles y altamente estresantes, permitiendo encontrar beneficios en ellas, así como generar nuevos significados que favorecen tanto el aprendizaje y el crecimiento personal, como el enfrentamiento de nuevos desafíos con mayor seguridad y eficiencia por la experiencia de superación. Asimismo, aunque el ambiente familiar es el principal predictor de resiliencia en adolescentes, destacando la importancia de un entorno hogareño estable y de apoyo (Dias, 2017), su ausencia no debe concebirse como una imposibilidad para la promoción de la resiliencia en esta población, sino que lo convierte en un punto crítico que debe atenderse con mayor intensidad al ser susceptible de desarrollarse (Pérez *et al.*, 2022).

En este sentido, la psicología positiva ofrece un marco efectivo para identificar y fortalecer factores protectores, implementando intervenciones que involucran tanto al individuo como a su entorno. A través del fomento de diversos factores, especialmente significativos en la dimensión social, los jóvenes pueden buscar y renovar sus fuentes de resiliencia, incluso en contextos muy vulnerables (Sibalde Vanderley *et al.*, 2020). Ahora bien, existen dos condiciones coexistentes que describen a las personas resilientes, las cuales incluyen sus habilidades para (a) reconocer los efectos de situaciones estresantes y (b) experimentar resultados positivos a pesar de las fuentes de adversidad (Masten, 2001).

Diversos factores han sido identificados en la producción científica de los últimos años como determinantes en el desarrollo de la resiliencia en adolescentes en contextos de vulnerabilidad. Muchos de ellos coinciden con los elementos del modelo PERMA, como las relaciones positivas con pares que están asociadas con una mayor capacidad de afrontamiento y resiliencia en jóvenes en cuidado alternativo (Haddow *et al.*, 2021); o las emociones positivas, que contribuyen a la capacidad de las personas resilientes para recuperarse fisiológicamente de la activación emocional negativa (Tugade y Fredrickson, 2004). Esto no implica confundir la resiliencia con un falso optimismo o ingenuidad, pues ser resiliente no implica ignorar la dimensión negativa de la realidad. En efecto, las investigaciones realizadas muestran que los individuos con resiliencia experimentan altos niveles de ansiedad, estrés y frustración ante los problemas graves que enfrentan, pero al mismo tiempo fueron capaces de experimentar emociones positivas incluso en medio de estas emociones negativas.

Críticas y limitaciones de la psicología positiva en estos contextos

A pesar de que la psicología positiva ha adquirido un significativo reconocimiento en las últimas décadas, su desarrollo no ha estado exento de críticas que merecen una consideración detallada. Quizá uno de los principales cuestionamientos radica en la tendencia de la psicología positiva a *promover intervenciones universales sin considerar adecuadamente el contexto individual y sociocultural de los individuos.* Sin embargo, los jóvenes con medidas de protección enfrentan circunstancias muy singulares y diversas, por lo que la falta de adaptación a estas realidades puede resultar en intervenciones ineficaces o, incluso, perjudiciales. Por ello, la aplicación de programas de intervención basados en los principios de la psicología positiva en poblaciones vulnerables requiere adaptaciones específicas que consideren cuidadosamente las circunstancias únicas, no solo de la adolescencia protegida, en general, sino de cada individuo en particular. Aunque los planteamientos de Seligman proporcionan una base teórica valiosa, es esencial complementar este conocimiento con el resultante de estudios de intervenciones centradas en grupos específicos con problemáticas comunes para garantizar resultados efectivos y adecuados.

Otro aspecto crítico que cabe señalar es que la psicología positiva enfatiza *el desarrollo de emociones y pensamientos positivos, lo que puede llevar explícita o implícitamente a la minimización o invali-*

dación de emociones negativas legítimas. Autores como Kristjánsson (2013) argumentan que la psicología positiva, al enfocarse en la promoción de virtudes y fortalezas, puede pasar por alto las complejidades y desafíos que enfrentan individuos en situaciones adversas. Imponiendo una positividad excesiva puede ser contraproducente y negadora de la realidad, creando estrés adicional y dificultando la autenticidad emocional. Ante esto, algunos psicólogos positivos plantean en la comprensión del significado de una vida buena y feliz no implica necesariamente ignorar sus aspectos negativos, sus tensiones y adversidades (Park y Peterson, 2003). Más bien, se trata de dotar a los individuos de recursos personales que les ayuden a vivir de la manera óptima en las circunstancias particulares que acompañan a cada persona. Esto adquiere sentido teniendo en cuenta algunos estudios que evidencian una relación directa de los recursos psicológicos y sociales con el desarrollo positivo de los jóvenes, sin encontrar relaciones significativas con los recursos económicos y el desarrollo (Frías y Barrios, 2016). Es decir, en este sentido, las pretensiones de la psicología positiva serían acertadas. En el caso de adolescentes protegidos, es esencial reconocer y procesar experiencias de dolor, pérdida y trauma. Ignorar o restar importancia a estas emociones puede impedir una recuperación auténtica y profunda. A tal efecto, es fundamental equilibrar el fomento de emociones positivas con el reconocimiento y validación de las negativas. No obstante, dentro de estas indicaciones, mantener expectativas favorables respecto a situaciones futuras contribuye a la capacidad de adaptación y superación de las adversidades, lo que facilita el bienestar emocional (Freire Gavilanes, & Salazar, 2024). En definitiva, aplicar los principios de la psicología positiva a esta población no consiste en idealizar la positividad, sino en dotar a los jóvenes con herramientas psicológicas para florecer pese a estas adversidades.

Un tercer elemento que ha sido objeto de las críticas en la psicología positiva y en la educación del carácter hace referencia a los *riesgos de la individualización del problema.* Esto es centrarse únicamente en el desarrollo interno del individuo y no en los factores estructurales que generan las desigualdades e injusticias sociales. Park y Peterson (2003) argumentan que el desarrollo estratégico de fortalezas del carácter o virtudes puede empoderar a los jóvenes para progresar en entornos desafiantes, aunque advierten de que esto no puede sustituir ni enmascarar la necesidad de realizar cambios estructurales en las instituciones. Así, se reconoce que, aunque la psicología positiva ofrece un marco para empoderar a adolescentes en riesgo, su éxito depende de las posibilidades de integrar estas intervenciones en políticas sociales que incluyan un abanico de medidas más amplio que permita afrontar dichas desigualdades estructurales.

Por último, aunque existen cada vez más investigaciones rigurosas que respaldan los beneficios de la psicología positiva con poblaciones diversas, algunos críticos señalan la falta aún de suficientes estudios longitudinales, la utilización de muestras de tamaño reducido, la ausencia de grupos de control adecuados o sesgos de publicación, que limitan la generalización de los hallazgos. Además, faltan programas y evidencias sobre posibilidades de intervención realista dentro del marco de la educación, en general, y de la intervención socioeducativa con infancia y adolescencia vulnerable.

Intervenciones socioeducativas desde la educación del carácter y la psicología positiva con adolescencia protegida: a partir de la resiliencia

La adolescencia bajo medidas de protección constituye un grupo especialmente sensible para la intervención socioeducativa, en tanto que se presenta como un escenario de cruce de múltiples vulnerabilidades (Ruiz y Estefanía, 2011). En nuestro país, la intervención socioeducativa a la que se hace referencia se enmarca en un contexto legal específico, regulado por la Ley Orgánica 1/1996, de Protección Jurídica del Menor, modificada por la Ley 26/2015. Esta normativa establece el derecho de NNA a recibir una atención integral que promueva su bienestar y desarrollo, reconociendo la prioridad del interés superior del menor y la necesidad de garantizar su participación en los procesos que les afectan (BOE, 1996; 2015). En este marco, la educación del carácter y la psicología positiva emergen como valiosos fundamentos para acompañar el proceso de reconstrucción del yo, reforzando factores de protección y facilitando trayectorias resilientes (Seligman, 2011; Niemiec, 2014); de forma que, a través de sólidos constructos procedentes de la investigación, se articulen intervenciones eficaces en cuanto al incremento del bienestar de los y las adolescentes.

Como se ha señalado, lejos de entender la resiliencia como una cualidad innata, estática o exclusivamente intrapsíquica, numerosos autores han evidenciado que se trata de un fenómeno relacional, complejo y contextual (Cyrulnik, 2002; 2004). Investigadores como Rutter (1993) o Suárez y Krauskopf (1995) desmontaron la idea de la resiliencia como un rasgo individual preexistente, para situarla en el marco de los procesos dinámicos que emergen de la interacción continua entre la persona y su entorno, siendo, por tanto, una combinación de factores lo que permite superar las adversidades acontecidas. Este entramado de factores protectores actúa en distintos niveles; individual, como la autoestima o la regulación emocional (Ruiz-Aranda *et al.*, 2012); relacional, como el apoyo familiar o los vínculos con adultos significativos; comunitario, como la pertenencia a redes sociales de apoyo; y estructural, como el acceso a servicios o a contextos seguros.

A su vez, conviene atender también a los factores de riesgo que suelen estar presentes en los itinerarios vitales de los NNA que se enmarcan en situaciones de protección (Del Valle y Bravo, 2013; Jiménez *et al.*, 2019). En el momento, por tanto, de diseñar una intervención socioeducativa individualizada con adolescentes en situación de protección, la cual fije su objetivo en la promoción del proceso resiliente para favorecer la superación de la adversidad correspondiente, deberá tener en cuenta cada uno de estos niveles y factores, tanto de riesgo, como de protección, tratando de esta forma de atender las necesidades específicas emergidas desde una perspectiva holística e integral.

En palabras de Masten (2001), la resiliencia puede considerarse una «magia ordinaria», es decir, una capacidad que emerge cuando se activan recursos psicosociales significativos, especialmente en contextos adversos. Así pues, la intervención socioeducativa con adolescencia protegida debe orientarse a la generación de conocimientos y experiencias que permitan adquirir las habilidades y herramientas que configuren dicho conjunto de recursos, generando un proceso emancipatorio y autónomo, en el que la persona sea protagonista de su desarrollo (Nussbaum, 2012), configurándose de este modo la base sobre la que poder crecer con resiliencia.

En este sentido, el modelo PERMA ofrece un marco estructurado para fomentar el bienestar duradero, que puede articularse en contextos de intervención socioeducativa. Sus componentes se vinculan con los procesos resilientes y el desarrollo de fortalezas personales y sociales (Walters, 2011). En particular, el fortalecimiento de la autoestima se presenta como un pilar fundamental en la construcción de una identidad resiliente, permitiendo a la infancia y adolescencia recuperar un sentido positivo de sí misma en contextos de abandono o desarraigo. Por su parte, las relaciones significativas y el acceso a comunidades solidarias permiten un sentido de validación y respaldo en los procesos de superación. Sumado a ello, la generación de expectativas positivas y la apertura a futuros posibles son componentes esenciales para fomentar el empoderamiento en la adolescencia, dotándoles de la motivación necesaria para afrontar retos y proyectarse hacia una vida plena, a pesar de las circunstancias desfavorables.

Vanistendael y Lecomte (2002) refuerzan esta idea al plantear que la resiliencia no se limita simplemente a la capacidad de resistir ante la adversidad, sino que implica un proceso activo de reconstrucción y crecimiento. Este enfoque integral destaca la interacción de factores individuales, relacionales y culturales como elementos clave en el proceso resiliente, y subraya la importancia de componentes a menudo infravalorados, como el sentido del humor, la espiritualidad, el reconocimiento social y la participación (Seligman y Csikszentmihalyi, 2000; Waters, 2011). Estos elementos, además de ser protectores, funcionan como poderosos dinamizadores del bienestar, facilitando la activación de recursos internos y la capacidad de adaptación frente a las dificultades.

Desde esta perspectiva, el modelo ecológico de Bronfenbrenner (1987) resulta clave para comprender la complejidad del entorno que caracteriza a la adolescencia y la influencia del mismo en torno al nivel de riesgo y de vulnerabilidad que experimentan las personas en este momento del ciclo vital. Por ello como se mencionaba, no basta con intervenir en el plano individual o intrapsíquico; es necesario articular respuestas desde el microsistema (familias acogedoras, centros residenciales, profesorado, iguales . . .), el mesosistema (interacciones entre contextos próximos), y también en niveles más amplios, como el exosistema y el macrosistema, donde operan las políticas públicas y las representaciones sociales sobre la infancia y adolescencia protegida. Tal como muestra la investigación de Ungar (2004), el desarrollo de la resiliencia en contextos de alta vulnerabilidad depende menos de los atributos individuales y más de la capacidad del entorno para responder de forma estructurada, afectiva y coherente a las necesidades de la persona. En este sentido, las redes interinstitucionales que articulan la escuela, los servicios sociales, el tercer sector y las familias adquieren un valor estratégico. Diferentes experiencias documentadas (Civís y Longás, 2015; Herrera *et al.*, 2019) evidencian el impacto positivo de los ecosistemas colaborativos en los que la responsabilidad compartida y el liderazgo distribuido permiten diseñar itinerarios personalizados de acompañamiento.

Dentro de estas redes, el rol de los tutores de resiliencia se consolida como una práctica de éxito. Según Costa, Forés y Burguet (2014), se trata de referentes adultos que ejercen una influencia positiva continuada en el tiempo, promoviendo el autoconocimiento, la toma de decisiones y el sentido de agencia (Park y Peterson, 2008). Esta figura se relaciona estrechamente con lo que Masten (2001) denomina «procesos ordinarios adaptativos», es decir, aquellas interacciones cotidianas que activan los recursos internos del menor y promueven la construcción de competencias socioemocionales.

Este enfoque se complementa con las ideas de Cyrulnik (2002; 2004), quien subraya el valor de dichos vínculos afectivos, como catalizadores del desarrollo positivo. En su propuesta, el «rescate afectivo» que puede producirse gracias a adultos significativos (tutores, educadores, trabajadores sociales, etc.) permite que los NNA reconstruyan su identidad y su visión del mundo. Así pues, los vínculos profesionales dejan de ser una prestación técnica, para convertirse en una presencia sostenida que habilita la reparación emocional y el despliegue de nuevas posibilidades de vida. Ello supone que este acompañamiento adquiera, a su vez, una dimensión ética, en la que la figura del profesional se convierte en un modelo de respeto, confianza y reconocimiento.

No obstante, la implementación de estas intervenciones socioeducativas no está exenta de barreras, como la fragmentación institucional y la falta de coordinación entre agentes. Como señalan Rodríguez-Bravo *et al.* (2014), la intervención con adolescencia protegida requiere de una lógica intersectorial que no siempre se produce, y genera duplicidades, vacíos de atención y desconcierto. A ello se suma la precarización de los equipos educativos, la elevada rotación profesional y la ausencia de espacios sistemáticos de supervisión, que dificultan la construcción de vínculos estables y sostenidos con los jóvenes y sus familias. Todavía en la actualidad persisten modelos educativos centrados en la corrección del comportamiento y el cumplimiento de normas, más que en la promoción del desarrollo integral. Este enfoque punitivo, anclado en una visión del adolescente como sujeto problemático, dificulta el despliegue de intervenciones basadas en el reconocimiento, la confianza y la autonomía (Benson, 1997; Rubio y Puig, 2015). En esta línea, autores como Bruner (1997) y Bronfenbrenner (1987) ya advertían de los riesgos de prácticas que descontextualizan al sujeto, omitiendo las condiciones culturales, sociales y familiares que configuran su desarrollo. Además, salvo valiosas excepciones, se constata la escasa sistematización de buenas prácticas y la limitada evaluación de impacto de las intervenciones educativas ejecutadas, siendo urgente establecer criterios de calidad y modelos de evaluación adaptados a la complejidad de los contextos de protección (Sánchez y Serradell, 2016). En este sentido, la investigación aplicada como la investigación-acción, se convierte en una herramienta indispensable para legitimar, mejorar y sostener las intervenciones socioeducativas que realmente transforman vidas.

Reflexiones finales

Cada 25 de octubre, en la ciudad alemana de Osnabrück tiene lugar una reunión singular. Al Ayuntamiento acude montada en caballos de palo y agitando ramas verdes la infancia de la localidad, en conmemoración de la firma de la Paz de Westfalia en 1648, que puso fin a la Guerra de los 30 años en Europa. La cita que introduce este capítulo recuerda el papel que la juventud desempeñó en aquellos momentos críticos y pone de relevancia algunos aspectos esenciales en la toma de decisiones, especialmente cuando se dirimen cuestiones de importancia superior.

En los apartados anteriores, hemos revisado las aportaciones de la psicología positiva a la intervención socioeducativa con adolescencia en situación de vulnerabilidad, desde una doble perspectiva teórica y práctica. El análisis realizado posibilita comprender cómo esta concepción psicológica ha optado por participar en una conversación eminentemente pedagógica, e incluso filosófica, que va más allá de las técnicas terapéuticas o didácticas, de las estrategias de acción, de los objetivos operativos a corto plazo, de las competencias y las macro políticas educativas, para adentrarse en el diálogo sobre los fines de la educción, que hace referencia a las grandes preguntas de la vida humana relacionadas con el mejor modo de afrontar la existencia. Introduce así, con las limitaciones señaladas, una mirada más amplía y ambiciosa en el discurso psicológico y pedagógico, al mismo tiempo que especializada, que no se reduce a la educación, en general, sino que posee aportaciones relevantes para un grupo de población vulnerable como la adolescencia protegida.

Así la psicología positiva proporciona herramientas estratégicas que permiten fortalecer la resiliencia y el bienestar integral de la adolescencia, especialmente relevante en el contexto de la actual crisis global de salud mental juvenil. Para que los jóvenes alcancen un desarrollo pleno, es esencial no solo abordar los problemas existentes, sino también implementar estrategias preventivas que promuevan su desarrollo integral. Comprender y potenciar los activos y recursos que fomentan el bienestar en adolescentes es crucial, en cuanto que permite a los clínicos evaluar y aprovechar las fortalezas individuales de los jóvenes, facilita a los investigadores y educadores el diseño de intervenciones efectivas y orienta a los responsables de políticas en la creación de legislaciones e iniciativas que mejoren los resultados para jóvenes en transición fuera del sistema de protección (Núñez *et al.*, 2022).

La aplicación de los principios y modelos desarrollados desde la psicología positiva han comenzado a demostrar su efectividad en la mejora de la educación del carácter de poblaciones juveniles vulnerables. Sin embargo, constituye este un ámbito aún con un largo camino por delante y un gran potencial que aquí únicamente hemos venido a señalar y que reclama la atención dentro de la concepción educativa de la educación del carácter. El crecimiento exponencial que ha experimentado se ha centrado fundamentalmente en la población general y en la educación obligatoria de carácter formal, por lo que tras un periodo de consolidación se enfrenta al reto de su especialización.

Asimismo, el concepto de florecimiento parece una idea alejada de la adolescencia vulnerable, en cuanto que las intervenciones socioeducativas y psicológicas parecen estar más preocupadas en resolver problemas y paliar déficits, lo que no permite situar a este objetivo entre sus prioridades. Sin embargo, el pleno desarrollo de la personalidad no es un derecho restringido a cierta parte de la población concebida como normalizada. De lo contrario, aceptaríamos una doble privación implícita y explícita: una producida por las complejas circunstancias sociales que algunos adolescentes han tenido que afrontar en su historia vital, y otra de carácter institucional, vinculada al enfoque de la intervención adoptado por quienes son responsables de su educación y cuidado. Así, una intervención socioeducativa de calidad no puede ni ignorar los últimos avances e investigaciones en el conocimiento pedagógico y psicológico, como el de la psicología positiva, ni está legitimada para rebajar a *priori* las expectativas de florecimiento bajo la injustificable excusa del estereotipo social sobre NNA con medidas de protección.

Como afirmaba Damon (1996), es una responsabilidad de la sociedad y de quienes nos dedicamos a la educación desde una perspectiva interdisciplinar, poseer grandes expectativas sobre nuestros jóvenes. En este sentido, los distintos modelos de la psicología positiva proporcionan marcos estructurales sobre los que organizar los objetivos de la intervención, donde tienen cabida la generación de experiencias de éxito que contribuyan a reforzar su autoestima, proporcionando elementos para la elaboración de una narrativa que alimente su seguridad y percepción de autoeficacia. En la medida en que estas experiencias sean complejas y significativas, posibilitarán ocupar vacíos y ejercer de contrapeso a las experiencias negativas que habitan la historia de vida de los adolescentes protegidos. En definitiva, la educación no puede ser percibida únicamente como una herramienta para conseguir un fin, sino también como aquello que ocurre durante un tiempo donde nuestras acciones nos conforman como individuos. De esta forma, no solo las circunstancias personales, en muchos casos inevitables e inelegibles nos definirán, sino también las oportunidades proporcionadas por los agentes socioeducativos para florecer.

Referencias

Benson, P. L. (1997). *All kids are our kids: What communities must do to raise caring and responsible children and adolescents*. Jossey-Bass.

BOE. (1996). Ley Orgánica 1/1996, de 15 de enero, de protección jurídica del menor.

BOE. (2015). Ley 26/2015, de 12 de julio, de modificación del sistema de protección a la infancia y a la adolescencia.

Bolier, L., Haverman, M., Westerhof, G. J., Riper, H., Smit, F. y Bohlmeijer, E. (2013). Positive psychology interventions: a meta-analysis of randomized controlled studies. *BMC Public Health*, 13(119). https://doi.org/10.1186/1471-2458-13-119

Bowlby, J. (1969). *Attachment and Loss: Volume 1. Attachment.* Basic Books.

Bronfenbrenner, U. (1987). *La ecología del desarrollo humano.* Barcelona: Paidós.

Bruner, J. (1997). *La educación, puerta de la cultura.* Visor.

Burnette J. L., Knouse L. E., Vavra D. T., O'Boyle E., Brooks M. A. (2020). Growth mindsets and psychological distress: A meta-analysis. *Clinical Psychology Review*, 77, 101816. https://doi.org/10.1016/j.cpr.2020.101816

Burnette J. L., Russell M. V., Hoyt C. L., Orvidas K., Widman L. (2018). An online growth mindset intervention in a sample of rural adolescent girls. *British Journal of Educational Psychology*, 88(3), 428-445. https://doi.org/10.1111/bjep.12192

Civís, M. y Longás, J. (2015). *Trabajo socioeducativo con adolescentes en dificultad social: modelos de intervención y experiencias.* Graó.

Costa, M., Florés, A. y Burguet, J. (2014). *Tutores de resiliencia: una propuesta para la acción socioeducativa.* UOC.

Côté, J. E., & Levine, C. G. (2002). *Identity formation, agency, and culture: A social psychological synthesis.* Lawrence Erlbaum Associates Publishers.

Courtney, M. E., Piliavin, I., Grogan-Kaylor, A., & Nesmith, A. (2001). Foster youth transitions to adulthood: a longitudinal view of youth leaving care. *Child welfare*, 80(6), 685-717.

Cyrulnik, B. (2002). *Los patitos feos: La resiliencia. Una infancia infeliz no determina la vida.* Gedisa.

Cyrulnik, B. (2004). *El amor que nos cura.* Gedisa.

Damon, W. (1996). *Greater Expectations: Nuturing Children's Natural Moral Growth.* FreePress.

Del Valle, J. F. y Bravo, A. (2013). *La atención a niños y adolescentes en el sistema de protección.* Ariel.

Dias, P. C. (2017). Protective factors and resilience in adolescents: The mediating role of self-regulation. *Psicología Educativa*, 23(1), 37-43. https://doi.org/10.1016/j.pse.2016.09.003

Ellis S., Rogoff B., Cromer C. C. (1981). Age segregation in children's social interactions. *Developmental Psychology*, 17, 399-407. https://doi.org/10.1037/0012-1649.17.4.399

Erikson, E.H. (1968). *Identity: youth and crisis*. Norton & Co.

Erikson, E. H. (1982). *The life cycle completed*. W.W. Norton & Company.

Fernandes, I., Zanini, D. S., y Peixoto, E. M. (2024). PERMA-Profiler for adolescents: validity evidence based on internal structure and related constructs. *Frontiers in psychology*, 15, 1415084. https://doi.org/10.3389/fpsyg.2024.1415084

Fondo de las Naciones Unidas para los Niños (2006). *Convención de las Naciones Unidas sobre los Derechos del Niño*. https://www.un.org/es/events/childrenday/pdf/derechos.pdf

Fondo de las Naciones Unidas para los Niños (2021). *Estrategia de Protección de la Infancia de UNICEF (2021-2030)*. https://www.unicef.org/media/105001/file/Child-Protection-Strategy-Spanish-2021.pdf

Fredrickson, B. L. (2001). The role of positive emotions in positive psychology: The broaden-and-build theory of positive emotions. *American Psychologist*, 56(3), 218-226. https://doi.org/10.1037/0003-066X.56.3.218

Gillham, J., Adams-Deutsch, Z., Werner J., Reivich, K., Coulter-Heindl, V., Linkins, M., Winder, B., Peterson, C., Park, N., Abenavoli, R., Contero, A., & Seligman, M. E. P. (2011). Character strengths predict subjective well-being during adolescence. *The Journal of Positive Psychology*, 6(1), 31-44. https://doi.org/10.1080/17439760.2010.536773

Giménez, M., Vázquez Valverde, C., & Hervás Torres, G. (2010). El análisis de las fortalezas psicológicas en la adolescencia: Más allá de los modelos de vulnerabilidad. *Psychology, Society & Education*, 2(2), 97-116. https://doi.org/10.25115/psye.v2i2.438

Goffman, E. (1963). *Stigma: Notes on the Management of Spoiled Identity*. Touchstone

Grotberg, E. H. (2003). *Resilience for Today: Gaining Strength from Adversity*. Praeger Publishers.

Haddow, S., Taylor, E. P. y Schwannauer, M. (2021). Positive peer relationships, coping and resilience in young people in alternative care: A systematic review. *Children and Youth Services Review*, 122. https://doi.org/10.1016/j.childyouth.2020.105861

Hambrick, E. P., Oppenheim-Weller, S., N'zi, A. M., & Taussig, H. N. (2016). Mental Health Interventions for Children in Foster Care: A Systematic Review. *Children and youth services review*, 70, 65-77. https://doi.org/10.1016/j.childyouth.2016.09.002

Harris J. R. (1998). *The nurture assumption: Why children turn out the way they do*. Free Press.

Hernández-Torrano, D., Vella-Brodrick, D., Ibrayeva, L., Sergazina, M., Lewis, K., Burambayeva, A. y Kulsary, A. (2025). Effects of positive psychological interventions on young children's mental health and well-being: A systematic review protocol. *International Journal of Educational Research Open*, 9, 1-7. https://doi.org/10.1016/j.ijedro.2025.100463

Herrera, A., Juárez, O. y Ruiz-Romina, C. (2019). *Experiencias resilientes en contextos socioeducativos*. Narcea.

Jiménez, M., Fuentes, M. J. y del Barrio, C. (2019). Factores de riesgo y protección en menores en acogimiento residencial. *Papeles del Psicólogo, 40*(2), 116-123.

Kristjánsson, K. (2013). *Virtues and Vices in Positive Psychology*. Cambridge University Press.

Kristjánsson, K. (2015). *Aristotelian character education*. Routledge.

Krok, D. (2018). When is Meaning in Life Most Beneficial to Young People? Styles of Meaning in Life and Well-Being Among Late Adolescents. *Journal of Adult Development, 25*(2), 96-106. https://doi.org/10.1007/s10804-017-9280-y

Lekamge, R. B., Jain, R., Sheen, J., Solanki, P., Zhou, Y., Romero, L., Barry, M. M., Chen, L., Karim, M. N., e Ilic, D. (2025). Systematic Review and Meta-analysis of the Effectiveness of Whole-school Interventions Promoting Mental Health and Preventing Risk Behaviours in Adolescence. *Journal of youth and adolescence, 54*(2), 271-289. https://doi.org/10.1007/s10964-025-02135-6

Llistosella, M.; Castellví, P.; García-Ortiz, M.; López-Hita, G.; Torné, C.; Ortiz, R.; Guallart, E.; Uña-Solbas, E. and Martín-Sánchez, J. C. (2024). Effectiveness of a resilience school-based intervention in adolescents at risk: a cluster-randomized controlled trial. *Frontiers in Psychology*, 15, 1-11. https://doi.org/10.3389/fpsyg.2024.1478424

Llosada-Gistau, J., Montserrat, C. y Casas, F. (2017). ¿Cómo influye el sistema de protección en el bienestar subjetivo de los adolescentes que acoge? *Sociedad e Infancias, 1*, 261-282. https://doi.org/10.5209/SOCI.55830

Martow, J. H., Heaman, J. A. L., & Lumley, M. N. (2022). The What, Why, and How of Adolescent Interpersonal Goal Setting Following a Growth Mindset Intervention. *Journal of Adolescent Research, 40*(1), 3-43. https://doi.org/10.1177/07435584221137066 (Original work published 2025)

Masten, A. S. (2001). Ordinary magic. Resilience processes in development. *The American psychologist, 56*(3), 227-238. https://doi.org/10.1037//0003-066x.56.3.227

Melendro, M., García Castilla, F. J. y Goig Martínez, R. (2016). El uso de las TIC en el ocio y la formación de los jóvenes vulnerables. *Revista Española de Pedagogía, 74*(263), 71-89.

Mengfei, F. (2024). The Influence of Positive Psychology Interventions on Adolescent Well-being: A Systematic Literature Review. Journal of Education Humanities and Social Sciences 32:111-118. https://doi.org/10.54097/3g493r69

Niemiec, R. M. (2014). *Character strengths interventions: A field guide for practitioners.* Hogrefe Publishing.

Nuñez, M., Beal, S. J., & Jacquez, F. (2022). Resilience factors in youth transitioning out of foster care: A systematic review. *Psychological trauma: theory, research, practice and policy, 14*(S1), S72-S81. https://doi.org/10.1037/tra0001096

Nussbaum, M. (2012). *Crear capacidades. Propuesta para el desarrollo humano.* Paidós.

Park, N., Park, M., & Peterson, C. (2010). When is the search for meaning related to life satisfaction? *Applied Psychology: Health and Well-Being, 2*(1), 1-13. https://doi.org/10.1111/j.1758-0854.2009.01024.x

Park N., y Peterson C. (2006). Moral competence and character strengths among adolescents: The development and validation of the Values in Action Inventory of Strengths for Youth. *Journal of Adolescence, 29*(6), 891-909. https://doi.org/10.1016/j.adolescence.2006.04.011

Park, N. y Peterson, C. (2008). Positive psychology and character strengths: Application to strengths-based school counseling. *Professional School Counseling. 12*(2), 85-92.

Pérez Pérez, P. D. R., Pérez Manosalvas, H. S., & Guevera Morillo, G. D. (2022). Factores de riesgo y desarrollo de resiliencia en adolescentes. *Revista Científica UISRAEL, 9*(2), 23-38. https://doi.org/10.35290/rcui.v9n2.2022.519

Peterson, C., Park, N. y Seligman, M.E.P. (2005). Orientations to happiness and life satisfaction: the full life versus the empty life. *Journal of Happiness Studies, 6,* 25-41. https://doi.org/10.1007/s10902-004-1278-z

Peterson, C., y Seligman, M. E. P. (2004). *Character strengths and virtues: A handbook and classification.* Oxford University Press/American Psychological Association.

Qin, C., Cheng, X., Huang, Y., Xu, S., Liu, K., Tian, M., Liao, X., Zhou, X., Xiang, B., Lei, W., & Chen, J. (2022). Character strengths as protective factors against behavior problems in early adolescent. *Psicologia, reflexao e critica: revista semestral do Departamento de Psicologia da UFRGS, 35*(1), 16. https://doi.org/10.1186/s41155-022-00217-z

Rodríguez-Bravo, A. E., Melendro, M. y De-Juanas, Á. (2014). Obstáculos, limitaciones y alternativas en la intervención con adolescentes en riesgo. En F. J. Del Pozo Serrano y C. P. Peláez, *Educación Social en situaciones de riesgo y conflicto en Iberoamérica.*

Rubio, M. y Puig, C. (2015). *La intervención socioeducativa en contextos de riesgo. Propuestas y prácticas en la educación social.* UOC.

Ruiz-Aranda, D., Salguero, J. M. y Fernández-Berrocal, P. (2012). Emotional regulation and youth psychosocial adjustment. *Child and Adolescent Mental Health, 17*(2), 95-100.

Ruiz, M. J. B. y Estefanía, M. M. (2011). Competencias para la intervención socioeducativa con jóvenes en dificultad social. *Educación* XXI, *14*(1), 179-200.

Russo, S. J., Murrough, J. W., Han, M. H., Charney, D. S., & Nestler, E. J. (2012). Neurobiology of resilience. *Nature neuroscience, 15*(11), 1475-1484. https://doi.org/10.1038/nn.3234

Rutter, M. (1993). Resilience: Some conceptual considerations. *Journal of Adolescent Health, 14*(8), 626-631.

Saboor, S., Medina, A., & Marciano, L. (2024). Application of Positive Psychology in Digital Interventions for Children, Adolescents, and Young Adults: Systematic Review and Meta-Analysis of Controlled Trials. *JMIR mental health, 11,* e56045. https://doi.org/10.2196/56045

Salovey, P., Bedell B. T., Detweiler, J. B., Mayer, J. D. (1999). Coping Intelligently: Emotional Intelligence and the Coping Process en C. R. Snyder (Ed.), *Coping: The psychology of what works*. Oxford Academic (pp. 141-164). https://doi.org/10.1093/med:psych/9780195119343.003.0007

Sánchez-Aragón, R. (2020). Individual well-being: The role of rumination, optimism, resilience and ability to receive support. *Ciencias Psicológicas, 14*(2). https://doi.org/10.22235/cp.v14i2.2222

Sánchez, A. y Serradell, O. (2016). Evaluación de programas socioeducativos con adolescentes en riesgo. Graó.

Sattler, K. M. P., & Font, S. A. (2018). Resilience in young children involved with child protective services. *Child abuse & neglect, 75*, 104-114. https://doi.org/10.1016/j.chiabu.2017.05.004

Seligman, M. E. P. y Csikszentminhalyi, M. (2000). Positive Psychology: An Introduction. *American Psychologist, 55*(1), 5-14.

Seligman, M. E. P. (2002). Authentic happiness: Using the new positive psychology to realize your potential for lasting fulfillment. Free Press.

Seligman, M. E. P. (2011). *Flourish: A visionary new understanding of happiness and well-being*. Free Press.

Seok, D., y Doom, J. R. (2022). Adolescents' social support networks and long-term psychosocial outcomes. *Journal of Social and Personal Relationships, 39*(12), 3775-3798. https://doi.org/10.1177/02654075221109021 (Original work published 2022).

Shaffer D. R., Kipp K., Wood E., Willoughby T. (2013). *Developmental Psychology Childhood and adolescence* (4th ed.). Nelson Education Ltd.

Sibalde Vanderley, I. C., Sibalde Vanderley, M. de A., da Silva Santana, A. D., Scorsolini-Comin, F., Brandão Neto, W., & Meirelles Monteiro, E. M. L. (2020). Factors related to the resilience of adolescents in contexts of social vulnerability: Integrative review. *Enfermería Global, 19*(59), 612-625. https://doi.org/10.6018/eglobal.411311

Stein, M. (2006). Young people aging out of care: The poverty of theory. *Children and Youth Services Review, 28*(4), 422-434. https://doi.org/10.1016/j.childyouth.2005.05.005

Suárez, E. N. y Krauskorpf, D. (1995). El enfoque de riesgo y su aplicación a las conductas del adolescente. Una perspectiva psico-social. Publicaciones Científicas, 552, OPS/OMS.

Teodorczuk, K.; Guse, T. y Du Plessis, G. A. (2019). The effect of positive psychology interventions on hope and well-being of adolescents living in a child and youth care centre. British Journal of Guidance, & Counselling, 2, 234-245. https://doi.org/10.1080/03069885.2018.1504880

Tugade, M. M., & Fredrickson, B. L. (2004). Resilient individuals use positive emotions to bounce back from negative emotional experiences. *Journal of personality and social psychology, 86*(2), 320-333. https://doi.org/10.1037/0022-3514.86.2.320

Ungar, M. (2004). Nurturing hidden resilience in troubled youth. *University of Toronto Press.*

Ungar, M. (2013). The impact of youth-adult relationships on resilience. International Journal of Child Youth and Family Studies, 4(3), 328-336.

Vanistendael, S. y Lecomte, J. (2002). *La felicidad es posible. Despertar en niños maltratados la confianza en sí mismos: construir la resiliencia.* Gedisa.

Verma, R. (2024). Positive Psychology in Schools with Focus on Adolescent Well-Being. *Open Journal of Social Sciences,* 12, 128-145. https://doi.org/10.4236/jss.2024.1212009

Wagner, L. (2018). Good Character Is What We Look for in a Friend: Character Strengths Are Positively Related to Peer Acceptance and Friendship Quality in Early Adolescents. *The Journal of Early Adolescence, 39*(6), 864-903. https://doi.org/10.1177/0272431618791286

Walters, L. (2011). A review of school-based positive psychology interventions. *The Australian Educational and Development Psychologist, 28*(2), 75-90.

Wu, Y. J. y Lee, J. (2022). The most salient global predictors of adolescents' subjective Well-Being: parental support, peer support, and anxiety. *Child Indicators Research,* 15, 1601-1629. https://doi.org/10.1007/s12187-022-09937-1

Ye J., Ye X. (2020). Adolescents' interpersonal relationships, self-consistency, and congruence: Life meaning as a mediator. *Social Behavior and Personality,* 48(11), 1-11. https://doi.org/10.2224/sbp.9428

Bloque II

Neuroeducación y perfiles neurodiversos

II: Neuroeducación y perfiles neurodiversos

Este segundo bloque del monográfico se adentra en el análisis de la neurodiversidad desde una perspectiva neuroeducativa, centrándose en los **procesos cognitivos, emocionales y pedagógicos vinculados a distintos perfiles del alumnado**, tales como el Trastorno del Espectro Autista (TEA), el Trastorno por Déficit de Atención e Hiperactividad (TDAH), enfermedades neurodegenerativas y altas capacidades intelectuales.

Este conjunto de capítulos parte del reconocimiento de que **la neurodiversidad no constituye una barrera para el aprendizaje**, sino una expresión legítima de la variabilidad humana que exige estrategias educativas diferenciadas, informadas por la evidencia científica. En esta línea, se analiza el funcionamiento y desarrollo de las **funciones ejecutivas** en estudiantes con TEA, TDAH y patologías neurodegenerativas, poniendo el acento en los desafíos que enfrentan y en las implicaciones pedagógicas que se derivan para el diseño de intervenciones efectivas.

Asimismo, se examina el **aprendizaje de las ciencias en adolescentes con TDAH**, integrando aportes de la neurociencia que permiten comprender cómo la atención, la memoria de trabajo o el control inhibitorio condicionan la adquisición de competencias científicas en este perfil de alumnado. Finalmente, se abordan **medidas inclusivas para estudiantes con altas capacidades matemáticas**, con especial atención a los procesos resilientes y al equilibrio entre exigencia cognitiva y bienestar emocional.

Este bloque ofrece, por tanto, una **visión amplia, rigurosa y matizada de la neurodiversidad**, apostando por una educación personalizada, sensible a los ritmos y necesidades del alumnado, y alineada con los principios de justicia cognitiva y equidad educativa.

Capítulo 4

Funciones ejecutivas con alumnado con TEA, TDAH y enfermedades neurodegenerativas

David Jáñez González

Introducción

En la actualidad, la investigación sobre las funciones ejecutivas ha experimentado un crecimiento significativo, abordando diversos enfoques teóricos y metodológicos. Desde una perspectiva neuropsicológica, se reconoce la implicación central de la corteza prefrontal en la regulación de estos procesos. Numerosos estudios de neuroimagen han aportado evidencias sobre la activación de distintas regiones prefrontales en tareas que requieren control cognitivo. Además, las investigaciones en el ámbito del desarrollo han señalado que estas funciones comienzan a manifestarse en la infancia temprana y continúan evolucionando hasta la etapa adulta.

Otro aspecto relevante en esta cuestión es el estudio de la relación entre las funciones ejecutivas y diversas condiciones neuropsiquiátricas, como el Trastorno por déficit de atención e hiperactividad (TDAH), los trastornos del espectro autista (TEA) y las enfermedades neurodegenerativas. La identificación de déficits en el funcionamiento ejecutivo en estos grupos ha permitido desarrollar intervenciones más específicas y adaptadas a sus necesidades.

Por otro lado, en los últimos años ha cobrado relevancia el análisis del impacto de factores ambientales, como el contexto educativo, el contexto familiar y el nivel socioeconómico en el desarrollo de las funciones ejecutivas. Investigaciones recientes han destacado la importancia de programas de estimulación cognitiva y estrategias pedagógicas diseñadas para fortalecer estas habilidades en niños y adultos.

Las funciones ejecutivas

Las funciones ejecutivas (FE) representan un conjunto de habilidades cognitivas esenciales para la autorregulación, la resolución de problemas y el aprendizaje. En el contexto educativo, estas funciones son fundamentales para promover el desarrollo integral de los estudiantes, especialmente en entornos inclusivos donde las diferencias individuales requieren un enfoque adaptativo y flexible.

En este sentido, Luria, uno de los pioneros de la neuropsicología, introdujo en 1974 su teoría de los «bloques funcionales» (citado en Tirapu, 2009), en la que describió un sistema responsable de la programación y el control de la actividad mental, conocido como el tercer bloque funcional. Posteriormente, Muriel Lezak acuñó el término «funciones ejecutivas» para referirse a las capacidades involucradas en la formulación de metas, la planificación de estrategias, la ejecución de planes y la habilidad para llevarlos a cabo de manera eficaz (Lezak, 1982).

Por su parte, Shallice (1988, citado en Tirapu, 2009) definió las FE como los procesos que permiten relacionar ideas, acciones simples y movimientos con el propósito de resolver situaciones complejas (Tirapu, 2009; González, 2015). De manera complementaria, Sholberg y Mateer (1989, citados en Tirapu, 2009) consideraron que las funciones ejecutivas comprenden diversos procesos cognitivos, entre los que destacan la elección de objetivos, la anticipación, la planificación, la selección de conductas, el autocontrol, la autorregulación y el uso de la retroalimentación externa que recibe el individuo (Tirapu *et al.*, 2008).

Tirapu, et al. (2011) plantean que las funciones ejecutivas se refieren a la capacidad de encontrar soluciones ante situaciones problemáticas novedosas. Para ello, es fundamental realizar predicciones o estimaciones sobre las posibles consecuencias derivadas de cada solución propuesta. Dado que no existe un consenso absoluto sobre su definición, resulta necesario revisar las distintas aproximaciones teóricas que buscan explicar este constructo.

Comprendiendo las funciones ejecutivas y su relevancia educativa

Las FE incluyen procesos como la memoria de trabajo, el control inhibitorio y la flexibilidad cognitiva. Según Diamond (2013), estas habilidades son fundamentales para manejar el comportamiento, planificar tareas y adaptarse a nuevas situaciones. En el ámbito educativo, su desarrollo está directamente relacionado con el éxito académico y la participación social, aspectos cruciales para el aprendizaje inclusivo.

La neurociencia ha demostrado que las FE pueden ser moldeadas a lo largo del tiempo gracias a la neuroplasticidad. Esto implica que las experiencias educativas, especialmente aquellas que promueven el compromiso activo, la reflexión y la colaboración, pueden potenciar significativamente estas habilidades (Müller, & Kerns, 2015).

A continuación, exploraremos brevemente los modelos teóricos más relevantes sobre las funciones ejecutivas para tener una imagen general de estas grandes aliadas de la educación:

Modelos de funciones ejecutivas

Modelo de los tres sistemas de Norman y Shallice (1986)

Propone que las FE operan a través de tres mecanismos: esquemas automáticos, un sistema supervisor de atención y un mecanismo de resolución de conflictos. Este modelo enfatiza la regulación de la conducta en situaciones novedosas o complejas.

Modelo de los cuatro componentes de Lezak (1982)

Define las FE como un conjunto de habilidades interrelacionadas, organizadas en cuatro dimensiones: formulación de objetivos, planificación, ejecución y verificación del desempeño. Resalta su papel en la adaptación y el comportamiento dirigido a metas.

Modelo de Supervisión Atencional de Baddeley (1996)

Vincula las FE con el sistema ejecutivo central de la memoria de trabajo. Según este enfoque, las FE regulan la atención, coordinan la información y manejan la interferencia en tareas cognitivas demandantes.

Modelo de Miyake y colaboradores (2000)

Basado en análisis factoriales, identifica tres componentes fundamentales de las FE: la flexibilidad cognitiva, la actualización de la memoria de trabajo y la inhibición de respuestas automáticas. Este modelo ha sido crucial para el estudio empírico de las FE.

Modelo de Stuss y Alexander (2007)

Propone una organización jerárquica de las FE en el lóbulo frontal, diferenciando entre procesos básicos (como la atención sostenida) y funciones ejecutivas de orden superior (como la toma de decisiones y la autorregulación).

Las funciones ejecutivas incluyen:

- Memoria de trabajo: permite mantener y manipular información temporalmente.
- Control inhibitorio: regula impulsos y respuestas automáticas para favorecer un comportamiento adecuado.
- Flexibilidad cognitiva: facilita la adaptación a cambios y la generación de nuevas soluciones a problemas.
- Planificación: capacidad de organizar pasos para alcanzar una meta.
- Toma de decisiones: evaluación de opciones y selección de la más adecuada.
- Atención sostenida: mantener el enfoque en tareas prolongadas.

Creando aulas inclusivas desde la neuroeducación

La inclusión educativa requiere entornos donde todos los estudiantes puedan participar y prosperar, independientemente de sus capacidades o necesidades. Desde la perspectiva neuroeducativa, esto implica la implementación de estrategias basadas en la evidencia científica para optimizar el aprendizaje y la regulación cognitiva de los estudiantes.

A continuación, revisaremos varias acciones que, implementadas de forma correcta, podrán ayudarnos en la creación de aulas más inclusivas para todos nuestros alumnos:

Diseño Universal para el Aprendizaje (DUA)

El DUA es un enfoque educativo que busca proporcionar múltiples formas de representación, acción y participación para atender la diversidad de los estudiantes (CAST, 2018). Esta estrategia está respaldada por estudios que demuestran que la flexibilidad en la enseñanza promueve un aprendizaje más equitativo (Meyer *et al.*, 2014). Aplicar el DUA en el aula implica adaptar los materiales, permitir diferentes formas de demostrar el aprendizaje y fomentar la autonomía de los estudiantes.

Uso de tecnología educativa

Las herramientas tecnológicas pueden ser aliadas poderosas para el desarrollo de las funciones ejecutivas. Las investigaciones han demostrado que las aplicaciones educativas diseñadas para la planificación y el autocontrol mejoran la autorregulación en los estudiantes (Greenwood, & Abbott, 2011). En esta misma línea, programas como ClassDojo, Trello y aplicaciones de gamificación pueden fortalecer la memoria de trabajo, la planificación y la inhibición de respuestas impulsivas (Kirk *et al.*, 2019).

Formación docente basada en neuroeducación

Los docentes desempeñan un papel crucial en la implementación de estrategias inclusivas. La capacitación en neuroeducación les permite comprender cómo funcionan las funciones ejecutivas y cómo optimizar su enseñanza (Howard-Jones, 2014). Diversos estudios han señalado que cuando los docentes integran estrategias basadas en la neurociencia en sus aulas, los estudiantes muestran mejoras significativas en la autorregulación y el aprendizaje (Tokuhama-Espinosa, 2017).

Ambientes de aprendizaje emocionalmente seguros

El clima emocional en el aula influye directamente en el desarrollo de las funciones ejecutivas. Un ambiente seguro y de apoyo favorece la regulación emocional y la toma de decisiones (Immordino-Yang, & Damasio, 2007). Prácticas como el aprendizaje socioemocional y la implementación de técnicas de mindfulness han demostrado mejorar el autocontrol y la flexibilidad cognitiva en los estudiantes (Zelazo, & Lyons, 2012).

Estrategias prácticas para fortalecer las funciones ejecutivas en aulas inclusivas

- **Rutinas estructuradas:** Establecer horarios y procedimientos predecibles ayuda a los estudiantes a desarrollar habilidades de planificación y organización (Dawson, & Guare, 2018).
- **Aprendizaje basado en proyectos:** Proporciona oportunidades para la resolución de problemas, promoviendo la flexibilidad cognitiva y la toma de decisiones (Barron, & Darling-Hammond, 2010).
- **Aprendizaje cooperativo:** Fomenta la regulación emocional y la planificación conjunta, habilidades clave para el desarrollo ejecutivo (Slavin, 2015).
- **Uso de andamiajes cognitivos:** Estrategias como el modelado y el uso de organizadores gráficos facilitan la memoria de trabajo y la planificación (Wood *et al.*, 1976).

Estrategias educativas inclusivas

La neuroeducación surge de la intersección entre la educación y la neuropsicología infantil, aplicando los conocimientos y técnicas de la neurociencia al ámbito educativo (Tapia *et al.*, 2017). Comprender el funcionamiento del cerebro permite optimizar los procesos de aprendizaje, y cada vez más educadores integran estos conocimientos en la planificación pedagógica (Goswami, 2009). La neurociencia proporciona información esencial sobre las bases neurales del aprendizaje, como la atención, la memoria, el razonamiento y el lenguaje, así como sobre otras funciones cerebrales relevantes en el aula, como las emociones y la conducta, que son estimuladas, evaluadas y fortalecidas diariamente (Campos, 2010).

En términos generales, la Neuroeducación busca proporcionar herramientas y estrategias basadas en la evidencia científica para mejorar el aprendizaje de los estudiantes y la formación docente (Bastién *et al.*, 2013). En este contexto, la neurodidáctica contribuye a optimizar los procesos de enseñanza mediante la aplicación de conocimientos sobre el cerebro. Según Tapia *et al.* (2017), los docentes deberían considerar los siguientes aspectos clave:

- Familiarizarse con el funcionamiento básico del cerebro humano y adoptar una metodología didáctica y de evaluación flexible.
- Promover la atención como elemento clave en el aprendizaje.
- Fomentar la motivación, valorando tanto los procesos de aprendizaje (esfuerzo, actitud, evolución individual) como los resultados académicos.
- Implementar aprendizajes significativos y duraderos, más efectivos que los meramente memorísticos, permitiendo a los estudiantes el tiempo necesario para consolidar conocimientos y respetando su ritmo de aprendizaje.
- Reconocer la influencia del entorno socioemocional, el juego y la actividad física en el aprendizaje.
- Detectar de manera temprana las dificultades de aprendizaje para intervenir oportunamente.
- Potenciar el autocontrol en el aula, una habilidad esencial para un aprendizaje eficaz y un componente clave de las funciones ejecutivas, que se abordarán posteriormente.

Estrategias para Educación Primaria (6-12 años)

Las funciones ejecutivas en esta etapa están en pleno desarrollo y pueden potenciarse a través de actividades lúdicas, estructuradas y basadas en la práctica repetida.

Actividad	Juego del semáforo.
Función ejecutiva	Inhibición y control de impulsos.
Descripción	Se les indica a los niños que deben moverse cuando el semáforo está en verde, quedarse quietos en amarillo y retroceder en rojo. Se pueden agregar variaciones, como cambiar colores inesperadamente.
Evaluación	Registro de errores de inhibición y tiempo de reacción.
Recurso *online*	Juego interactivo de autocontrol.

Actividad	Secuencias narrativas.
Función ejecutiva	Memoria de trabajo y planificación.
Descripción	Se les proporciona imágenes desordenadas de una historia y deben organizarlas lógicamente antes de narrarla.
Evaluación	Observación de la coherencia y secuenciación correcta.
Recurso *online*	Aplicación Pixton para crear historias.

Actividad	Desafío del detective.
Función ejecutiva	Flexibilidad cognitiva.
Descripción	Se presenta un enigma o un problema con múltiples soluciones y los alumnos deben generar diferentes estrategias para resolverlo.
Evaluación	Número y diversidad de estrategias propuestas.
Recurso *online*	Juegos de lógica y enigmas en SmartGames.

Actividad	Diario de emociones.
Función ejecutiva	Autorregulación emocional.
Descripción	Los niños llevan un diario donde anotan emociones experimentadas y estrategias que usaron para regularlas.
Evaluación	Revisión cualitativa de la identificación y estrategias de regulación.
Recurso *online*	App de regulación emocional Smiling Mind.

Actividad	Desafío de los 5 minutos.
Función ejecutiva	Planificación y organización.
Descripción	Se da una tarea con tiempo limitado y los niños deben planificar cómo abordarla antes de empezar.
Evaluación	Registro de tiempos de planificación y ejecución.
Recurso *online*	Juegos de gestión del tiempo en Lumosity.

En esta etapa, las FE deben potenciar la resolución de problemas complejos, la autorregulación y la toma de decisiones.

Actividad	*Escape Room* educativo.
Función ejecutiva	Flexibilidad cognitiva y resolución de problemas.
Descripción	Los estudiantes deben resolver una serie de acertijos relacionados con una materia para «escapar» del aula.
Evaluación	Tiempo de resolución, número de intentos y estrategias utilizadas.
Recurso *online*	Plataforma de Escape Rooms digitales.

Actividad	Debates dirigidos.
Función ejecutiva	Toma de decisiones y planificación.
Descripción	Se les asigna una postura y deben estructurar argumentos para defenderla, cambiando de rol en mitad del debate.
Evaluación	Coherencia de los argumentos, adaptación al cambio de postura y uso de evidencias.
Recurso *online*	Web de debates educativos.

Actividad	Proyecto de autogestión del tiempo.
Función ejecutiva	Organización y planificación.
Descripción	Los alumnos diseñan un plan de estudio semanal considerando tiempos de descanso y revisión.
Evaluación	Grado de cumplimiento del plan y ajustes realizados.
Recurso *online*	App de organización Trello.

Actividad	Simulación de situaciones reales.
Función ejecutiva	Control emocional y toma de decisiones.
Descripción	Se presentan escenarios desafiantes (ej. responder ante una injusticia en clase) y los alumnos discuten estrategias para afrontarlos.
Evaluación	Identificación de estrategias de afrontamiento y capacidad de argumentación.
Recurso *online*	Juegos de simulación educativa en Classcraft.

Actividad	Creación de un emprendimiento escolar.
Función ejecutiva	Flexibilidad cognitiva y resolución de problemas.
Descripción	En grupos, los alumnos diseñan un proyecto de emprendimiento realista y presentan un plan de negocio.
Evaluación	Originalidad, viabilidad y adaptabilidad a cambios en el planteamiento.
Recurso *online*	Simulador de negocios en Young Business Talents.

Educación Universitaria (18+ años)

Las FE en esta etapa deben orientarse al desarrollo del pensamiento crítico, la autonomía y la autorregulación en el aprendizaje.

Actividad	Simulación de toma de decisiones en crisis.
Función ejecutiva	Toma de decisiones y regulación emocional.
Descripción	Se presentan escenarios de crisis donde deben tomar decisiones bajo presión y justificar su razonamiento.
Evaluación	Calidad de la justificación, control del tiempo y gestión del estrés.
Recurso *online*	Simulaciones Harvard Business.

Actividad	Gestión de un proyecto de investigación.
Función ejecutiva	Planificación y metacognición.
Descripción	Cada estudiante diseña un plan detallado para un trabajo de investigación, incluyendo objetivos, tiempos y métodos.
Evaluación	Coherencia del plan y ajuste a plazos.
Recurso *online*	Herramienta de gestión de proyectos Asana.

Actividad	Discusión de dilemas éticos.
Función ejecutiva	Flexibilidad cognitiva y razonamiento moral.
Descripción	Se presentan dilemas éticos complejos y los alumnos deben analizar diferentes perspectivas antes de tomar una postura.
Evaluación	Argumentación, análisis de diferentes posturas y profundidad del razonamiento.
Recurso *online*	Foro de dilemas éticos en Ethics Unwrapped.

Actividad	Mindfulness y autorregulación.
Función ejecutiva	Control emocional y gestión del estrés.
Descripción	Se realizan ejercicios de mindfulness antes de exámenes o exposiciones para mejorar el control emocional.
Evaluación	Cambios en niveles de estrés reportados por los estudiantes.
Recurso *online*	Aplicación Headspace.

Actividad	Hackaton académico.
Función ejecutiva	Resolución de problemas y creatividad.
Descripción	Los estudiantes trabajan en equipos para resolver un problema en 24-48 horas con un producto o propuesta innovadora.
Evaluación	Originalidad, aplicabilidad y calidad del trabajo en equipo.
Recurso *online*	Hackatones en Devpost.

Elaboración propia

Conclusión

Desarrollar las funciones ejecutivas en el aula no solo mejora el aprendizaje académico, sino que también promueve habilidades esenciales para la vida. Integrar principios de neuroeducación en el diseño de estrategias inclusivas es un paso crucial hacia una educación más equitativa y efectiva. Este enfoque, respaldado por la evidencia científica, permite atender las necesidades de todos los estudiantes, preparando a las nuevas generaciones para enfrentar los retos del siglo XXI.

En síntesis, el estudio de las funciones ejecutivas sigue siendo un campo en constante evolución, en el que convergen disciplinas como la neurociencia, la psicología y la educación. La creciente producción científica en esta área ha permitido comprender mejor su desarrollo, sus bases neurales y su implicación en diversas condiciones clínicas, además de abrir nuevas líneas de investigación sobre su entrenamiento y optimización en distintos contextos.

La formación continua del profesorado en el funcionamiento del cerebro y las funciones ejecutivas es un aspecto crucial para la mejora del proceso de enseñanza-aprendizaje. Comprender cómo funciona el cerebro permite a los docentes adaptar sus estrategias pedagógicas y diseñar intervenciones más efectivas para potenciar el desarrollo de estas habilidades en sus estudiantes. La actualización constante en este ámbito facilita la implementación de metodologías innovadoras basadas en la evidencia científica. optimizando así los resultados educativos.

Además, la implementación y evaluación de nuevas prácticas docentes se convierte en un factor determinante en la consolidación de enfoques más dinámicos y centrados en el aprendizaje activo. Es fundamental que los educadores experimenten con estrategias que favorezcan la autorregulación, el pensamiento crítico y la resolución de problemas, elementos clave en el fortalecimiento de las funciones ejecutivas. La evaluación continua de estas prácticas permite identificar aquellas más efectivas y hacer ajustes basados en el progreso de los estudiantes.

Por último, compartir experiencias con la comunidad global educativa resulta esencial para la construcción de un conocimiento colectivo y enriquecedor. La colaboración entre profesionales de distintos contextos y disciplinas fomenta el intercambio de buenas prácticas y el desarrollo de soluciones innovadoras para los desafíos educativos actuales. A través de congresos, publicaciones, redes de aprendizaje y plataformas digitales, los docentes pueden contribuir al avance del conocimiento en el área de las funciones ejecutivas y su aplicación en el aula.

Referencias

Baddeley, A. D. (1996). Exploring the central executive. *Quarterly Journal of Experimental Psychology, 49*(1), 5-28. https://doi.org/10.1080/713755608

Barron, B., & Darling-Hammond, L. (2010). *Prospects and challenges for inquiry-based approaches to learning.* The Nature of Learning: Using Research to Inspire Practice, 199-225.

Blakemore, S. J., & Choudhury, S. (2006). Development of the adolescent brain: Implications for executive function and social cognition. *Journal of Child Psychology and Psychiatry, 47*(3-4), 296-312. https://doi.org/10.1111/j.1469-7610.2006.01611.x

CAST. (2018). *Universal Design for Learning Guidelines version 2.2.* Retrieved from http://udlguidelines.cast.org

Dawson, P., & Guare, R. (2018). *Executive skills in children and adolescents: A practical guide to assessment and intervention.* Guilford Publications.

Diamond, A. (2013). Executive functions. *Annual Review of Psychology, 64*(135-168). https://doi.org/10.1146/annurev-psych-113011-143750

Greenwood, C. R., & Abbott, M. (2011). *The research basis and effectiveness of early literacy programs for English language learners.* In M. R. Shinn, & H. M. Walker (Eds.), *Interventions for achievement and behavior problems in a three-tier model including RTI.* National Association of School Psychologists.

Howard-Jones, P. A. (2014). Neuroscience and education: Myths and messages. *Nature Reviews Neuroscience, 15*(12), 817-824. https://doi.org/10.1038/nrn3817

Immordino-Yang, M. H., & Damasio, A. (2007). *We feel, therefore we learn: The relevance of affective and social neuroscience to education.* Mind, Brain, and Education, 1(1), 3-10.

Kirk, H., Gray, K., Riby, D. M., & Cornish, K. (2019). *Adaptive working memory training can improve working memory in children with intellectual disabilities: Evidence from a randomized controlled trial.* Developmental Science, 22(1), e12740.

Lezak, M. D. (1982). The problem of assessing executive functions. *International Journal of Psychology, 17*(1-4), 281-297. https://doi.org/10.1080/00207598208247445

Meyer, A., Rose, D. H., & Gordon, D. (2014). *Universal design for learning: Theory and practice.* CAST Professional Publishing.

Miyake, A., Friedman, N. P., Emerson, M. J., Witzki, A. H., Howerter, A., & Wager, T. D. (2000). The unity and diversity of executive functions and their contributions to complex "frontal lobe" tasks: A latent variable analysis. *Cognitive Psychology, 41*(1), 49-100. https://doi.org/10.1006/cogp.1999.0734

Müller, U., & Kerns, K. A. (2015). The development of executive function. En R. M. Lerner, L. S. Liben, & U. Müller (Eds.), *Handbook of child psychology and developmental science, 2*(571-623).

Norman, D. A., & Shallice, T. (1986). *Attention to action: Willed and automatic control of behavior.* In R. J. Davidson, G. E. Schwartz, & D. Shapiro (Eds.), *Consciousness and self-regulation* (Vol. 4, pp. 1-18). Springer. https://doi.org/10.1007/978-1-4757-0629-1_1

Slavin, R. E. (2015). *Cooperative learning: Theory, research, and practice.* Allyn & Bacon.

Stuss, D. T., & Alexander, M. P. (2007). Is there a dysexecutive syndrome? *Philosophical Transactions of the Royal Society B: Biological Sciences, 362*(1481), 901-915. https://doi.org/10.1098/rstb.2007.2096

Tokuhama-Espinosa, T. (2017). *The new science of teaching and learning: Using the best of mind, brain, and education science in the classroom.* Teachers College Press.

Willoughby, M., Kupersmidt, J., Voegler-Lee, M., & Bryant, D. (2011). Contributions of hot and cool self-regulation to preschool disruptive behavior and academic achievement. *Developmental Neuropsychology, 36*(2), 162-180. https://doi.org/10.1080/87565641.2010.549980

Wood, D., Bruner, J. S., & Ross, G. (1976). *The role of tutoring in problem-solving.* Journal of Child Psychology and Psychiatry, 17(2), 89-100.

Zelazo, P. D., & Lyons, K. E. (2012). The potential benefits of mindfulness training in early childhood: A developmental social cognitive neuroscience perspective. Child Development Perspectives, 6(2), 154-160. https://doi.org/10.1111/j.1750-8606.2012.00241.x

Capítulo 5

Aprendizaje de las ciencias en adolescentes TDA/H desde la neurociencia

Héctor Reyes y Antonio Milán

Introducción

El estudio de las ciencias, especialmente de la física y química, tiene sus peculiaridades y es cada vez mayor el número de estudiantes que requieren de una atención personalizada debida a la existencia de diversas patologías que dificultan su aprendizaje. A esto se debe añadir la dificultad intrínseca de estudiar esta asignatura y la maduración cerebral que tenga el estudiante. Como vemos, existen varios condicionantes en el aprendizaje que debemos atender de forma holística si queremos realmente lograr un cambio de paradigma. Este cambio es posible analizando estos factores y realizando algunas variaciones metodológicas, como se verá a continuación.

El alumnado TDA-TDAH

En España, se estudia la asignatura de Física y Química desde 2º de ESO y Ciencias naturales desde primaria, aunque muchos temas de la primera asignatura se introducen de forma cualitativa a lo largo de la educación primaria. El cerebro no termina de desarrollarse hasta bien entrada la veintena, aunque su evolución y adaptación dura toda la vida. Si durante la infancia, se produce en el desarrollo de los sistemas que permiten la locomoción (córtex motor, ganglios basales, neuronas motoras) y el habla (áreas de Broca y Wernicke), en la adolescencia prima el desarrollo del lóbulo frontal.

La mielinización es un proceso por el cual se recubre con una sustancia proteínica y blanquecina (mielina) los axones de las neuronas y que permite la mejora de su conductividad e interconectividad. Este proceso lleva varios años y se produce de forma radial desde el centro del cerebro hacia afuera y de atrás hacia adelante, de modo que el lóbulo frontal es la última estructura citoarquitectónica en ser mielinizada.

Un proceso importante que se da en la adolescencia es la poda neuronal. En este proceso, el cerebro optimiza recursos, de modo que potencia regiones que se están empleando y eliminan conexiones sinápticas, con una posterior muerte de las neuronas con baja conectividad. Esto no supone una pérdida de capacidades adquiridas durante la infancia, sino una forma de optimizar los recursos que tiene el cerebro. Es un momento vital en el que se produce una auténtica remodelación del cerebro, altamente vinculada al aprendizaje.

En el lóbulo frontal se encuentran buena parte de nuestras capacidades de razonamiento, de abstracción, de pensamiento de alto nivel. En definitiva, de las funciones que nos permiten organizarnos y, en última instancia, tomar decisiones complejas. Son las funciones ejecutivas. Estas funciones y su clasificación varían según los autores y la lista puede ser muy variada, pero según Verdejo-García (2010), podemos determinar que son: actualización, inhibición, flexibilidad, planificación y toma de decisiones. Veremos qué importancia tienen estas funciones en el alumnado TDA, pero primero realicemos una pequeña descripción de estas funciones ejecutivas.

La actualización es la capacidad de monitorizar la información existente en la memoria de trabajo. La memoria de trabajo es la encargada de retener una información que necesitamos usar brevemente, como una dirección de correo, que la recordamos tan solo el instante que hemos necesitado para escribirla. Es la entrada a la memoria a largo plazo, la que mantiene la información durante mucho más tiempo. La actualización se localiza fisiológicamente en la corteza prefrontal lateral y en la corteza parietal. Está muy relacionada con la fluidez verbal y el razonamiento por semejanzas.

La inhibición supone cancelar respuestas más o menos automatizadas, conscientes o no, por no ser adecuadas al momento. Por ejemplo, eliminar o controlar el impulso de comer cuando no es el momento de hacerlo. Las zonas cerebrales asociadas a la inhibición son la corteza cingulada anterior, el giro frontal inferior derecho y el área presuplementaria del núcleo subtalámico.

La flexibilidad es la capacidad de cambiar esquemas mentales, patrones de ejecución o respuestas en fusión del momento que se requiere. Por ejemplo, se requiere flexibilidad cuando un plan no sale como esperábamos y hay que modificarlo para adaptarse a las nuevas circunstancias. Las zonas cerebrales que involucran la flexibilidad son la corteza prefrontal medial superior, la corteza prefrontal medial inferior, la corteza orbitofrontal lateral y el núcleo estriado.

La planificación hace referencia a la capacidad de organizar una respuesta o conducta, a partir de las condiciones iniciales que se den, para poder llegar a un objetivo marcado. Las zonas cerebrales relacionadas son el polo frontal, la corteza prefrontal dorsolateral derecha y la corteza cingulada posterior.

Toma de decisiones es la capacidad de elegir la opción más ecológica y ventajosa, de entras las opciones disponibles. Las zonas cerebrales relacionadas son la corteza prefrontal ventromedial, la ínsula, la amígdala y el núcleo estriado anterior.

El alumnado TDA con o sin hiperactividad se caracteriza por dificultades atencionales, impulsividad y actividad motora no adecuadas a la edad de la persona. Puede ser combinada (TDAH), predominante inatento (TDA) o predominante hiperactivo/impulsivo.

El TDA es un trastorno del neurodesarrollo. La causa que provoca esta patología está relacionada con la desregulación de algunos neurotransmisores, como la dopamina (en el caso de la hiperactividad e impulsividad) y la noradrenalina (en caso de inatención). La medicación se reserva a los casos moderados o graves, mientras que, en los casos leves, la intervención es de carácter psicoeducativo. En cualquier caso, esas intervenciones son siempre bienvenidas para los tres estadios, dado que se requiere un afrontamiento holístico.

El TDA-TDAH está relacionado con una falta de regulación de adecuada de algunos neurotransmisores, como la dopamina y la noradrenalina. La mala regulación de la dopamina entre el área tegmental ventral y el núcleo accumbens provoca una falta de motivación, al no tener el sistema de recompensa adecuadamente equilibrado. Este factor neurobiológico explica bien la desregulación de funciones ejecutivas. La dopamina interviene también en el control del movimiento, a través de su interacción con los ganglios basales, encargados de comenzar dicho movimiento. Existen anomalías en los ganglios basales en el caso TDAH.

La epinefrina o noradrenalina se genera en las glándulas suprarrenales y en *locus coeruleus* e interviene activamente en los estados de alerta, vinculándose a la atención. Se han observado alteraciones estructurales en ganglios basales o en los cuerpos cerebelosos en personas con esta patología, lo que hace pensar que esas alteraciones anatómicas tienen consecuencias fisiológicas (Parkkinen *et al.*, 2024).

La etiología es multifactorial, pero existe un factor genético destacado. Este componente hereditario, entre el 70 % y 90 %, se puede agravar por condicionantes epigenéticos, como la estabilidad familiar, exposición a drogas (tabaco, alcohol u otras) o haber sido un bebé prematuro. Además, en muchos casos existe cierta comorbilidad, de modo que estas personas presentan también otras patologías de carácter psicológico que hacen más difícil una detección clara. Por ejemplo, la clínica del TDA/H se asemeja en algunos aspectos a la del trastorno del espectro autista, al trastorno de ansiedad, a trastornos depresivos, al trastorno bipolar, al trastorno de desregulación disruptiva del estado de ánimo o trastorno negativista desafiante, entre otros. Pero las asociaciones que más nos interesan en este estudio son las relacionadas con el trastorno específico del aprendizaje y el trastorno del desarrollo intelectual.

En el DSM-5 (De Psiquiatría, 2021), se describen detalladamente los criterios que determinan la clínica de la patología y no se requieren pruebas complementarias de rutina, como TAC, resonancia o EFG, dado que no hay marcadores biológicos claros.

La prevalencia es de un 5 % en niños y de un 2,5 % en adultos, siendo en chicos el doble que en chicas, mostrando ellos más hiperactividad y ellas menor atención.

El desequilibrio afectivo parece marcar el trastorno. Se ha mostrado que las personas que lo presentan tienen un desarrollo atípico de las estructuras asociadas a la gestión de las emociones del sistema límbico (Connaughton *et al.*, 2023).

Con la breve descripción realizada más arriba de las funciones ejecutivas, entendemos que este alumnado tiene dificultades en una o varias de esas funciones, lo que provoca problemas de adaptabilidad, tanto en el ámbito familiar como en el escolar. Esta patología, junto a la dislexia, es la primera causa de fracaso escolar en España, según indica la Asociación de Neuropediatría de Madrid y Zona Centro (2021).

Ante la desesperación en las familias por tener que repetir las cosas muchas veces y las dificultades escolares, este alumnado suele presentar bajos niveles de autoestima e inmadurez. Las reacciones inadecuadas de los diferentes agentes educativos, como la familia o el centro escolar, ante las personas que presentan esta patología no contribuyen a una mejor gestión de circunstancias cotidianas, puesto que las situaciones que generan estrés también influyen negativamente (Koppelmaa *et al.*, 2024), ya que retroalimentan sus dificultades.

Con frecuencia se observa que las familias se culpabilizan de la situación, la rechazan o la niegan, llegando a sobreproteger, a mentir al hijo sobre su propia dificultad, a ocultar la situación en los colegios e incluso a justificar su conducta.

Las implicaciones de la patología desde el ámbito familiar no se tratarán en este capítulo, pero es evidente que se deben enfocar ciertas estrategias con las familias, como se tratará más adelante, en la propuesta de intervención educativa.

El estudio de las ciencias

De manera gráfica cuando se dice: «Este banco tiene dos patas». Si bien el individuo es una de ellas, la otra es el objeto de conocimiento, que tiene sus propias peculiaridades y métodos.

Nuestro cerebro debe tomar muchísimas decisiones a diario. Algunas de ellas las tomamos inconscientemente, de modo que reservamos los recursos energéticos y citoarquitectónicos para cuando sean realmente necesarios. En alguna ocasión volvemos al coche a comprobar si lo hemos cerrado o no, porque es una decisión tomada en «modo automático», sin necesidad de recurrir al lóbulo frontal y a sus funciones ejecutivas. Por ello, el cerebro, a través del sistema límbico, es capaz de realizar un esbozo de cómo es nuestro entorno, por si tuviéramos que salir corriendo ante un peligro o quedarnos quietos. Es el instinto.

Adquirir un conocimiento formal del mundo natural requiere modificar los tractos y patrones cerebrales que establecemos de modo intuitivo sobre las cosas, de modo que requiere tiempo y esfuerzo. Por eso, es necesaria la abstracción, que se da con cierta maduración del lóbulo frontal. Empezamos a estudiar Física y Química de modo cuantitativo a partir de la adolescencia y no antes, pues se requiere esa madurez cerebral.

Como ya se ha visto, el alumnado con esta patología presenta dificultades madurativas, por lo que en ocasiones es muy difícil, por no decir imposible en algunos casos, enseñar la asignatura en ciertos momentos determinados de la vida de la persona. Proponerle un imposible no ayudará a fortalecer su autoestima.

El método de trabajo de las ciencias, como asignatura procedimental, debe ser la experimentación. Pero esto requiere planificación y análisis. Este análisis, frecuentemente, requiere de ciertos conocimientos de matemáticas en el caso de la física y química y la habilidad de relacionar unos conceptos con otros, que supone una capacidad atencional y de concentración muy altas. Todo ello requiere y exige un nivel creciente de abstracción en el proceso de aprendizaje. De nuevo, vemos que este alumnado tendrá dificultades importantes, puesto que estas premisas implican unas funciones ejecutivas razonablemente maduras y operativas a la edad biológica correspondiente.

Tras lo descrito, se comprende bien por qué la asignatura puede presentar una especial dificultad al alumnado con TDA o TDAH. Debemos encontrar formas de acompañarlo, de modo que pueda afrontar adecuadamente el estudio de las ciencias.

Propuesta de intervención educativa

Si la implicación del alumnado es fundamental en su propio aprendizaje, se hace radicalmente necesaria en el caso del alumnado TDAH. Es bien conocido que las metodologías activas ayudan en esta dirección (Galvez *et al.*, 2025), pues favorecen la motivación, el compromiso y la comprensión de los contenidos. Estos enfoques incluyen estrategias como el aprendizaje basado en retos, proyectos y problemas, que facilitan ampliamente la participación del alumnado en su proceso de aprendizaje. Desde una perspectiva neurocientífica, las metodologías activas estimulan funciones cognitivas clave como la atención sostenida, la memoria de trabajo y el control de impulsos. Al presentar los contenidos de manera dinámica y multisensorial, se reduce la frustración y se optimiza la retención de la información. Además, el aprendizaje cooperativo y la gamificación pueden generar un entorno más inclusivo, reforzando la autoestima del alumnado y su sentido de pertenencia en el aula.

El empleo de las nuevas tecnologías, por su capacidad de mantener la atención, también favorece el aprendizaje de este tipo de alumnado (Pozo *et al.*, 2023). Las herramientas interactivas, utilizadas con un enfoque pedagógico y diseñando adecuadamente el proceso de enseñanza-aprendizaje en su implementación, se ha demostrado que son altamente beneficiosas. Estas tecnologías, al captar y mantener la atención de manera más efectiva, favorecen la retención del conocimiento y la implicación activa del alumnado. Las aplicaciones educativas, simulaciones virtuales y plataformas gamificadas permiten transformar conceptos abstractos en experiencias visuales y dinámicas, facilitando su comprensión y aplicación práctica. Los laboratorios virtuales ofrecen un entorno inmersivo en el que los estudiantes pueden experimentar sin las limitaciones del aula tradicional, aumentando su motivación y curiosidad por la materia.

Desde el punto de vista neurocientífico, las tecnologías interactivas reducen la carga cognitiva al presentar la información de manera fragmentada y estructurada. Además, permiten el aprendizaje individualizado, adaptándose a las necesidades específicas de cada estudiante. La retroalimentación inmediata que ofrecen estas herramientas refuerza la autoestima y la persistencia en el estudio. La integración de estos recursos no solo mejora el rendimiento académico, sino que también fomenta habilidades de autorregulación y organización, elementos clave para el éxito educativo del alumnado con TDA y TDAH.

Hay bibliografía que hace referencias a diferentes asignaturas y las propuestas de adaptación que hacen a las mismas, pero no hay estudios sistemáticos que realmente ofrezcan una visión holística que permita obtener pautas generales exitosas.

Veremos a continuación que la propuesta que se realiza tiene en cuenta muchos factores de los descritos más arriba, como las relaciones escuela-alumnado-familia, participación del alumnado en su propio aprendizaje, factores psicológicos como la autoestima e interacción con los compañeros. Es por ello por lo que este trabajo puede servir para otras ramas del saber, en sus esfuerzos de reforzar los procesos de aprendizaje de este tipo de alumnado.

Conociendo las dificultades de aprendizaje que presenta este alumnado, se implementaron una serie de medidas, en un marco no significativo, para el curso de 3º de ESO, para la asignatura de Física y Química, dado que es un curso en el que el nivel de complejidad y abstracción se hace patente. Las propuestas de intervención se implementaron durante 5 años, con una población total de 105 personas. Las medidas fueron las siguientes:

- Al proponer ejercicios para realizar fuera del aula se le indicará que elija uno de ellos para ser entregado al profesor. De esta forma, se pretenden conseguir varios objetivos:

  a. Darle confianza y responsabilidad, al ser el alumno quien elige el ejercicio a entregar. En consecuencia, aumentar su motivación y autoestima.

  b. Comprobar el nivel de asimilación de lo trabajado en sesiones anteriores.

- Se corregirá como nota de clase; si está trabajado, pero incorrectamente, no se tomará nota de ello. Únicamente se considerará como una evaluación positiva si está bien realizado. De nuevo, el fondo será la motivación por la asignatura, el trabajo personal y mejorar su capacidad de organización.

- Al finalizar una unidad, y para todo el grupo (tenga o no TDA/H), se propone un ejercicio de diez o quince minutos en el que los alumnos medirán objetivamente la calidad de su estudio. En el caso del alumnado THA/H será parte de su examen de evaluación por partes, dada la dificultad que tiene en concentrarse en una sola actividad durante un tiempo prolongado. De este modo, al terminar cada tema, hará un ejercicio como el que tendría que hacer en el examen, pero dosificado en el tiempo, de modo que podamos mejorar su rendimiento. Dicho de otra manera, hará una pregunta de su examen de evaluación cada vez que terminemos una unidad didáctica. Será incluso posible hacer alguna pregunta de forma oral. Podrán elegir entre quedarse con la calificación en esa pregunta de la prueba o hacer el ejercicio correspondiente del examen de evaluación.

- Los problemas de las pruebas de cada tema los volverá a resolver redactando explícitamente, en otro color, las equivocaciones que cometió al hacerlo. No se trata de remarcar el error, sino de resaltar cómo se hace, así que habrá que redactarlo en positivo.

Por ejemplo: «no he puesto unidades» no sería lo apropiado, sino «recordar poner las unidades».

La verbalización y redacción de los contenidos exige estructuraciones y análisis, poniendo en juego sus funciones ejecutivas y ejercitándolas, favoreciendo también un aprendizaje significativo.

- Para el ejercicio de final de tema, podrá venir con una «chuleta de errores frecuentes». Para el alumno, este pequeño documento recibirá el nombre de «chuleta del atento». Por ejemplo: «revisar unidades», «escribir la ley a emplear», etc.

Se trata de detectar algunos puntos donde ha ido fallando de forma sistemática, con el fin de que se acuerde de revisar esos puntos en los problemas del final del capítulo y preparar mejor la prueba. Estos errores se irán apuntando en hoja aparte a lo largo de las correcciones de los ejercicios que vaya entregando, así como de las pruebas que se realicen al final de cada tema. No solo aprenderá a estudiar, sino que es importante que adquiera técnicas que le permitan ser autónomo y gestionar adecuadamente su dificultad.

- Si no supera la evaluación por el método descrito podrá hacer el examen de evaluación propuesto para los demás compañeros, pudiendo ser realizado por partes y con más tiempo. No tendrá que realizar aquellos problemas del examen de evaluación que pertenezcan a los temas que superó en las pruebas individuales.

Aparte de estas medidas, añadimos la disponibilidad. Se dispone de una hora semanal para atender las consultas que los estudiantes quisieran plantear.

Por todo lo descrito, se hace necesaria una especial complicidad entre familia y docentes, para poder llevar a buen término estas medidas. Especialmente útil debe ser el empleo de la agenda cuando se realicen los ejercicios de cada capítulo descritos anteriormente. En cualquier caso, el profesor de la asignatura enviará comunicaciones a las familias sobre la evolución de cada alumno, de modo que se puedan ajustar cada vez mejor las medidas implementadas.

Como cada persona es única, las medidas a tomar deben ser flexibles y personalizadas, no teniendo que emplear exactamente las mismas estrategias para todos y cada uno de los estudiantes, sino buscando la adecuada adaptación para su mejor evolución.

De modo general, se consideran también algunas pautas que el profesorado puede implementar en el aula. Para tratar de evitar efectos como el bajo rendimiento, baja autoestima, ansiedad, baja tolerancia a la frustración etc., podemos tratar de facilitar su aprendizaje y mejor rendimiento con apoyo escolar, a modo de ejemplo comentamos algunas acciones que pueden repercutir en su consecución de éxito:

a. Buen uso de la agenda, control diario de pérdida de material, situar al alumno cerca del profesor para evitar la distracción y si es posible lejos de una ventana.

b. Si el adolescente está nervioso, permitirle levantarse antes incluso de que lo pida.

c. Durante los períodos de evaluación, evitar la sobrecarga de tareas extracurriculares, ya que el exceso de demandas académicas puede generar un impacto negativo en su rendimiento. Desde una perspectiva neurocientífica, la acumulación de responsabilidades cognitivas sin una adecuada gestión del tiempo y recursos puede derivar en altos niveles de estrés, disminución de la concentración y dificultades para la autorregulación emocional.

d. Coordinación con los padres para trabajar en la misma dirección.

e. Entender que deben realizar deporte y juegos activos para canalizar su energía e impulsividad.

En el proceso de evaluación del alumnado con TDA y TDAH, es esencial adoptar medidas que optimicen su desempeño y minimicen posibles dificultades derivadas de su perfil neurocognitivo. Por ello, también se propusieron algunas pautas específicas:

a. Asegurarse de que conocen la fecha correcta del examen y el temario a evaluar. Se les puede preguntar, de un modo empático y cercano, por ejemplo: «¿tienes apuntado el día de la recuperación?»; «¿has comprobado con algún compañero que tienes todos los apuntes?», etc.

b. La aplicación de exámenes estructurados por partes constituye una estrategia eficaz para optimizar su rendimiento, al facilitar la gestión del tiempo y minimizar la carga cognitiva asociada al procesamiento simultáneo de múltiples elementos. Desde una perspectiva neurocientífica, esta técnica contribuye a la regulación de las funciones ejecutivas, mejorando la capacidad de planificación, organización y autorregulación.

c. Recoger cada sección del examen conforme el estudiante la finaliza permite reducir la dispersión atencional, evitando la acumulación innecesaria de materiales sobre la mesa que puedan interferir en la concentración y el procesamiento de la información. Este enfoque estructurado favorece una progresión ordenada en la resolución de las tareas, disminuyendo la ansiedad ante la gestión de múltiples ítems simultáneamente.

d. Garantizar la comprensión de las preguntas de los exámenes es un aspecto clave. Dada la posible dificultad para procesar textos complejos y sostener la atención en pruebas escritas extensas, es recomendable que el profesorado verifique que los estudiantes han interpretado correctamente los enunciados, permitiéndoles plantear dudas de manera individual. Facilitar su movilidad dentro del aula para consultar al docente contribuye a reducir la ansiedad y mejorar la calidad de sus respuestas.

e. Asimismo, diversificar los formatos de examen es una estrategia eficaz para adaptarse a sus necesidades cognitivas y promover una evaluación más equitativa. La implementación de pruebas orales, ejercicios tipo test o respuestas cortas permite una aproximación más ajustada a sus capacidades de organización de la información y expresión del conocimiento. Estos formatos, además, favorecen la gestión del tiempo y reducen la carga cognitiva, optimizando la precisión en la ejecución de las pruebas.

f. El entrenamiento en sesiones individuales constituye otro recurso valioso para preparar al alumnado en la formulación de respuestas y el desarrollo de estrategias de afrontamiento ante la evaluación. Estas adaptaciones no solo mejoran el rendimiento académico, sino que también fortalecen la confianza y la autonomía en su proceso de aprendizaje.

g. En aquellos casos en los que los estudiantes entreguen exámenes con preguntas en blanco, es recomendable verificar si la omisión responde a un desconocimiento del contenido o simplemente a una falta de percepción de la pregunta. Esta supervisión permite una evaluación más justa y adaptada a sus necesidades.

h. Asimismo, conceder un tiempo adicional para la realización de los exámenes es una estrategia que favorece la regulación atencional y la ejecución adecuada de las respuestas. Del mismo modo, la extensión del examen debe ser ajustada, evitando pruebas excesivamente largas que puedan generar fatiga cognitiva y disminuir el rendimiento. En la planificación académica, sería conveniente reducir la coincidencia de múltiples exámenes en un mismo día, dado que el procesamiento de gran cantidad de información en un periodo corto de tiempo puede generar estrés y dificultades de concentración.

i. La implementación de una evaluación continua, con mayor número de controles o pruebas en lugar de exámenes finales, constituye una alternativa válida en determinados casos. Además, programar las pruebas en las primeras horas del día puede contribuir significativamente al rendimiento, aprovechando los momentos de mayor capacidad cognitiva y regulación emocional del alumnado. Estas adaptaciones no solo benefician el aprendizaje de los contenidos, sino que también mejoran la experiencia escolar y la integración académica de los estudiantes.

Puede parecer abrumador el número de medidas tomadas, pero dada su efectividad, merece la pena ir adquiriendo poco a poco algunas de ellas y mejorar la práctica docente con iniciativas propias.

Resultados

Ofrecemos a continuación los resultados en términos de aprobados obtenidos a lo largo de los 5 años de implementación de estas mediadas.

Tabla 1. Número de estudiantes con TDA/TDAH aprobados tras la implementación de las medidas propuestas.

Curso	2017-18	2018-19	2019-20	2020-21	2021-22
Alumnado total	23	16	24	20	22
Aprobados	18	14	19	13	14
Porcentaje (%)	78	88	79	65	64

Elaboración propia.

Se observa que la incidencia de las medidas ha sido positiva, visto el porcentaje de aprobados.

Discusión

El impacto de las medidas implementadas en la enseñanza de las ciencias para alumnado con TDA y TDAH ha mostrado diferencias en función del perfil del estudiante. En términos generales, las adaptaciones han resultado más efectivas en aquellos alumnos con un desarrollo madurativo más tardío y una actitud receptiva hacia la dinámica escolar. En contraste, los estudiantes con una mayor resistencia al entorno académico, caracterizados por una apatía creciente y una inmersión más profunda en las características propias de la adolescencia, han mostrado una respuesta menos favorable a dichas estrategias.

Este fenómeno sugiere la relevancia de la intervención temprana en la implementación de metodologías adaptadas, con el objetivo de maximizar su eficacia y consolidar hábitos de aprendizaje en etapas iniciales. Desde una perspectiva neuroeducativa, cuanto antes se integren estrategias personalizadas, mayor será la probabilidad de generar cambios significativos en la motivación, la autorregulación y la implicación del alumnado en el proceso de aprendizaje. Así, la adecuación de los enfoques metodológicos no solo debe atender a las características cognitivas de los estudiantes, sino también a su disposición emocional y actitudinal frente a la enseñanza de las ciencias, garantizando una educación más inclusiva y ajustada a sus necesidades individuales.

Hablamos de reforzar la autoestima y de permitir al alumnado descubrir sus capacidades y desarrollarlas. Si promocionan al siguiente curso con la permanente perspectiva de que van a fracasar, de que no sirven para estudiar las ciencias, el efecto Pigmalión tiene garantizado el éxito en una profecía autocumplida. En muchas ocasiones, empezar en la adolescencia a tomar medidas como las propuestas, puede significar haber llegado tarde.

Como era de esperar, los casos más difíciles corresponden a estudiantes que presentan cierta comorbilidad (Chen *et al.*, 2024), como así se desprende de las anamnesis correspondientes a diferentes patologías. Requieren de mayor flexibilidad por parte del profesorado y mucha sensibilidad para empatizar con cada caso específico y buscar vías de mejor aprovechamiento. Es necesario, por tanto, una relación entre estudiantes y profesorado.

El desarrollo del potencial individual en el proceso educativo requiere, en especial durante la adolescencia, un entorno en el que el alumnado pueda percibir confianza y apoyo por parte de sus docentes. La construcción de la identidad académica y personal se ve influenciada no solo por los propios pensamientos y capacidades del estudiante, sino también por la percepción externa que se le ofrece. En este sentido, contar con educadores que crean en sus posibilidades, incluso más de lo que ellos mismos lo hacen, representa un factor clave en la motivación y el progreso escolar (Cardona, 2001).

La mirada sincera y esperanzadora del docente actúa como un estímulo para el desarrollo de la autonomía y la autoestima del alumnado, fomentando una disposición positiva hacia el aprendizaje. Desde una perspectiva neuroeducativa, el reconocimiento y la validación de los esfuerzos individuales contribuyen a reforzar conexiones neuronales asociadas a la autorregulación emocional y la perseverancia, consolidando hábitos de estudio y participación.

Por ello, la implementación de estrategias educativas inclusivas no solo debe centrarse en la adaptación metodológica, sino también en la creación de un clima de confianza, en el que cada estudiante se sienta visto, valorado y capaz de desarrollar sus propias competencias.

Precisamente por la cantidad de síntomas comunes a personas con diferentes patologías, como TEA, TDA/H o TEL, las medidas se han generalizado, en años posteriores a los indicados a la muestra, a otro tipo de perfiles que implican también dificultades en el aprendizaje. Su análisis ofrecerá la eficacia de las medidas propuestas a otro tipo de casos.

Las entrevistas personales e individuales realizadas con todos los estudiantes muestran que están muy agradecidos por la atención especial que reciben, son muy conscientes del esfuerzo que supone y las acogen con amplio reconocimiento.

En este punto, consideramos las medidas como una forma de cuidado hacia el alumnado. Un cuidado que orienta la persona hacia un fin, que ordena (Horcajo, 2024). Así mismo, es necesariamente una relación que construye tanto al alumnado como al profesorado. Planteado de otro modo, el trabajo propuesto en la asignatura es el medio, la excusa para que este alumnado florezca y crezca equilibradamente.

Otro factor de importancia ha sido el seguimiento familiar. En muchos casos, son los propios progenitores los que ya no tienen confianza en sus propios hijos, pues las dificultades diarias de gestión, especialmente en lo referido a la atención, merman mucho las relaciones entre padres e hijos, incluso en la pareja. De ahí la importancia de la coordinación entre familias y el profesorado, incluso con el departamento de orientación. Las dificultades se van filtrando en todos los planos de las relaciones humanas, para bien y para mal, potenciando los lazos o dañándolos. Se deben tener siempre palabras y gestos de aliento para mantener a las familias con un ánimo adecuado y afrontar la exigencia de la realidad que este alumnado propone.

Se observa que, tras la pandemia, los resultados descendieron respecto de los años previos. Posiblemente sea debido a las dificultades de aquellos momentos, dado que probablemente no se pudieron implementar con normalidad todas las medidas necesarias propuestas.

En definitiva, tras las pautas implementadas, se observa una mayor motivación, más autocontrol, mayor control de la impulsividad, mayor flexibilidad, mejor integración con el grupo y mayor implicación del alumnado en su aprendizaje.

Conclusión

Las medidas propuestas e implementadas en estudiantes de 3º de ESO para el aprendizaje de la asignatura de Física y Química resultan ser muy positivas. Fundamentadas en la relación humana entre profesorado, alumnado y familias, buscan la personalización a través de la flexibilidad ante cada caso. Dichas medidas han supuesto una mejora conductual y ante el estudio de este tipo de estudiantes.

Los resultados ofrecen líneas nuevas de implementación educativa en casos distintos al TDA/H, como pueden ser el TEL o el TEA, puesto que mucha sintomatología es común a estos trastornos neurológicos. Incluso en caso de comorbilidad, en los que aparecen varios trastornos a la vez en la misma persona.

Futuras líneas de investigación deben tener en cuenta otras asignaturas, de más diversa índole y a edades más tempranas, para lograr un efecto holístico en la educación de las personas que padecen estas dificultades. Es necesario ahondar en propuestas educativas como las implementadas en este estudio.

Referencias

Verdejo-García, A., & Bechara, A. (2010). Neuropsicología de las funciones ejecutivas. *Psicothema*, 227-235.

Del Rosario Lepe Grajeda, J., Garzo, E. R. F., & De La Cruz Sierra, V. E. (2022). Neuropsicología de las funciones ejecutivas. *Revista Académica CUNZAC*, *5*(2), 99-106. https://doi.org/10.46780/cunzac.v5i2.76

Asociación Americana de Psiquiatría, *Manual diagnóstico y estadístico de los trastornos mentales* (DSM-5®), 5a Ed. Arlington, VA, Asociación Americana de Psiquiatría, 2014.

Parkkinen, S., Radua, J., Andrews, D. S., Murphy, D., Dell'Acqua, F., & Parlatini, V. (2024). Cerebellar network alterations in adult attention-deficit/hyperactivity disorder. *Journal of Psychiatry and Neuroscience, 49*(4), E233-E241. https://doi.org/10.1503/jpn.230146

Connaughton, M., O'Hanlon, E., Silk, T. J., Paterson, J., O'Neill, A., Anderson, V., Whelan, R., & McGrath, J. (2023). The limbic system in children and Adolescents with Attention-Deficit/Hyperactivity Disorder: A Longitudinal Structural Magnetic resonance Imaging analysis. *Biological Psychiatry Global Open Science, 4*(1), 385-393. https://doi.org/10.1016/j.bpsgos.2023.10.005

Horcajo, J. M. (2024). *El espíritu del cuidado: Providencia y caridad*. Madrid: Palabra.

Cardona, C. (2001). Ética del queacer educativo. En C. Cardona, *Ética del queacer educativo* (pág. 13). Madrid: Rialp.

Asociación de Neuropediatría de Madrid y Zona Centro, *Patología neurológica Infantil Guía para profesores* (2021).

Chen, B., Sun, W., & Yan, C. (2024). Controllability in attention deficit hyperactivity disorder brains. *Cognitive Neurodynamics, 18*(4), 2003-2013. https://doi.org/10.1007/s11571-023-10063-z

Koppelmaa, K., Yde Ohki, C. M., Walter, N. M., Walitza, S., & Grünblatt, E. (2024). Stress as a mediator of brain alterations in attention-deficit hyperactivity disorder: A systematic review. *Comprehensive Psychiatry, 130*(152454). https://doi.org/10.1016/j.comppsych.2024.152454

Galvez, K. E. M., Calderón, C. Y. P., Tigrero, S. L. B., Chilán, S. E. C., & Pozo, C. L. T. (2025). Educación y TDAH: Retos y Oportunidades para la Inclusión y el Aprendizaje. *Ciencia Y Reflexión:* 4(1), 1561-1578. https://doi. org/10.70747/cr.v4i1.198

Pozo, D. C. F., Castellanos, N. F. A., Carvajal L. I. N., Drouet, E. M. R., & Crespin, E. E. C. (2023). Recursos digitales para fortalecer el aprendizaje de niños con TDAH. *Ciencia Latina Revista Científica Multidisciplinar,* 7(2), 7648-7662. https://doi.org/10.37811/cl_rcm.v7i2.5902

Capítulo 6

Medidas de intervención inclusivas en estudiantes de altas capacidades en matemáticas y procesos resilientes

Cándida Filgueira Arias y
María del Carmen Escribano Ródenas

Introducción

Observando los parámetros a través de los cuales discurre la sociedad actual, debemos entender que una educación de calidad representa uno de los elementos o herramientas fundamentales que impulsará hacia el progreso y bienestar de la ciudadanía a los diferentes países que la conforman. Para ello debemos dar prioridad a la atención de las diferencias individuales de los estudiantes (educación personalizada), cuyo incremento ha experimentado un registro muy significativo en los últimos tiempos.

Actualmente, la consideración e implementación de la Educación para la Salud (ES) en los planes de estudio y currículos prescriptivos ha sido esencial para pautar y orientar la formación de nuestros estudiantes hacia una perspectiva global e integral como futuros ciudadanos responsables de la sociedad de un futuro muy próximo (Montero-Pau *et al.*, 2018).

En este contexto, el tratamiento e intervención de las capacidades diferentes e individuales de los alumnos se ha convertido en la piedra de toque de la educación asignándole una importancia y ocupación capital en los diferentes sistemas educativos, y especialmente en el caso de los alumnos con Altas Capacidades (AACC).

En los últimos años en España, el reconocimiento y la atención a las diferencias individuales de los estudiantes ha experimentado un desarrollo y evolución muy importante constatándose en las diferentes leyes y normativas que han sido fundamentales para la generación de un entorno educativo cada vez más inclusivo y equitativo.

Evolución del Sistema Educativo en España

Hay que destacar que el sistema educativo español ha impulsado el desarrollo a la atención de las necesidades educativas especiales a través de un marco legislativo iniciado y delimitado por diversas leyes y normativas que han favorecido y promovido el reconocimiento e importancia de la inclusión educativa de nuestros estudiantes (Alonso *et al.*, 2023; Gentile y Arias 2014; Trinidad *et al.*, 2018). La **Ley Orgánica 8/1985, de 3 de julio, reguladora del Derecho a la Educación (LODE)** se redactó con la finalidad de especificar los principios de equidad y calidad en la educación, reafirmando el derecho fundamental a la educación y garantizando el acceso y determinación de las medidas de atención a las capacidades individuales diferentes de los estudiantes. Además, consolidó la incorporación de las Comunidades Autónomas en la gestión y organización del sistema educativo, sin olvidarse de la coexistencia de centros educativos de titularidad pública, privada-concertada y privada, es decir, fomentó la libertad de enseñanza para la constitución de normas y reglamentos en la creación, organización y funcionamiento de dichos centros, permitiendo con ello la participación activa de los distintos agentes que intervienen en el proceso educativo, como son el colectivo de padres, profesores y alumnos, y todo ello con la finalidad de asegurar una educación básica de calidad para todos. Qué duda cabe que esta ley reforzó el compromiso del sistema educativo español con la inclusión y la atención a la diversidad (Alonso *et al.*, 2023).

Posteriormente, la **Ley Orgánica 2/2006, de 3 de mayo, de Educación (LOE)** determinó los pilares para el establecimiento de la inclusividad remarcando la importancia en la atención y tratamiento de las capacidades diferentes, así como de la personalización de la enseñanza con el propósito de garantizar el reto fundamental para alcanzar una educación de calidad.

Finalmente, la **Ley Orgánica 3/2020, de 29 de diciembre, por la que se modifica la Ley Orgánica 2/2006, de 3 de mayo, de Educación (LOMLOE)**, introdujo modificaciones significativas en el sistema educativo español, puesto que resaltaba la inclusión educativa y la equidad a través de la promoción de la atención personalizada y la autonomía de los centros educativos. Además, incorporó los principios del *Diseño Universal de Aprendizaje* (DUA), que garantiza el acceso a una educación de excelencia y calidad a todos los estudiantes sin tener en consideración sus capacidades individuales, aumentando con ello las oportunidades de todos los estudiantes. Por otro lado, esta ley reforzó el cumplimiento de los derechos de la infancia basándose en la *Convención sobre los Derechos del Niño de Naciones Unidas* (Asamblea, 1989).

En definitiva, la LOMLOE (2020) pretendía modernizar y adaptar el sistema educativo español a las necesidades actuales de una sociedad muy cambiante, potenciando una educación de carácter eminentemente inclusivo y equitativo.

Varias investigaciones académicas, en las que incluimos la de Montero *et al.* (2018), han realizado estudios comparativos de cómo y de manera sucesiva, las reformas educativas en nuestro país han contribuido al desarrollo y evolución del sistema educativo, desde la transición democrática hasta nuestros días, en ámbitos tan relevantes como la atención a la diversidad, inclusión educativa y equidad, resaltando el impacto que este contexto legislativo ha generado en nuestra sociedad.

Educación inclusiva, resiliencia, alumnos de Altas Capacidades (AACC) y matemáticas

En el panorama educativo actual, es necesario resaltar la vinculación entre la educación inclusiva y la resiliencia puesto que constituyen dos conceptos clave que debemos analizar para que nuestros estudiantes accedan a una educación de calidad y puedan avanzar hacia el desarrollo óptimo de sus capacidades (Tijada, 2016).

Tal y como nos indica Jardí y Puigdellívol (2024), la educación inclusiva en niños de Altas Capacidades (AACC) supone la consideración de introducir estrategias metodológicas específicas que se correspondan con las necesidades particulares de este colectivo de alumnos, para que puedan potenciar sus habilidades y, especialmente, en el área de conocimiento de matemáticas.

Por otro lado, Forés y Grané (2013) nos informan que la resiliencia es un constructo que hace alusión a la capacidad y habilidad que tienen los individuos para establecer conductas adaptativas ante situaciones adversas, y no se quedan solo en ello, sino que desarrollan mecanismos de aprendizaje transformando estos desafíos y retos en oportunidades de crecimiento personal.

En el colectivo de estudiantes de AACC, el fomento de la educación para la resiliencia es uno de los ámbitos fundamentales de formación, puesto que les va a permitir emplear y combinar herramientas que les ayudarán a enfrentar y superar todas aquellas dificultades que puedan originarse en su trayectoria académica y personal (Martínez y Guirado, 2010; Sánchez, 2014). Además, hay que tener en cuenta que la combinación de un tratamiento inclusivo, junto con la potenciación en la formación en resiliencia, va a contribuir no solo a la mejora del desempeño académico, sino también va a favorecer al proceso de adquisición de bienestar emocional y, consecuentemente, social (Sánchez, 2017).

En este capítulo se realiza un análisis detallado del estado actual de la atención a los alumnos de AACC en la asignatura de matemáticas, así como la exploración de su relación con los procesos resilientes que fomentan un desempeño educativo más eficaz. Se pretende identificar las medidas educativas inclusivas que se están implementando actualmente y evaluar cómo estas intervenciones contribuyen al desarrollo de la resiliencia en los estudiantes, permitiéndoles superar los desafíos del entorno y consolidar sus fortalezas.

Relevancia del tema

Debemos garantizar una política educativa que sea garante de la implementación de estrategias inclusivas y equitativas en estudiantes de altas capacidades, destinadas al afrontamiento de situaciones conflictivas originadas en el aprendizaje y desarrollo de competencias en el área de matemáticas.

Tijada (2016) nos informa que la inclusión educativa pretende promover la participación activa y evitar la segregación en nuestras aulas, a través de la atención personalizada y estrategias para poder desarrollar todo el potencial que tienen este tipo de estudiantes, sobre todo en la enseñanza de las matemáticas.

Se trata de proporcionar un entorno o comunidad de aprendizaje muy diverso para que puedan interactuar con sus iguales y así poder desarrollar habilidades sociales y emocionales. Con todo, se favorece el aprendizaje en resiliencia, puesto que tendrán que afrontar y enfrentar desafíos y remontar obstáculos que contribuirán, sin lugar a duda, a su desarrollo integral (Jardí y Puigdellívol, 2024).

En el estudio realizado por Ferrándiz et al. (2017) se confirmó que las metodologías inclusivas, tales como el aprendizaje cooperativo y el trabajo por proyectos, resultaban altamente eficaces para corresponder y satisfacer las necesidades de este tipo de estudiantes, ya que no solo mejoraban el rendimiento académico, sino que dieron lugar a situaciones en donde se favorecía la motivación y la creatividad que, como todos sabemos, son pilares esenciales para el desarrollo de cualquier persona. Por otro lado, hay que considerar que la inclusión educativa representa un gran frente en la equidad y permitirá que todos los estudiantes de altas capacidades tengan acceso a una educación de calidad y excelencia (UNESCO, 2009).

La importancia del tema analizado recae sobre las medidas de intervención inclusivas en este colectivo, así como los procesos resilientes que desarrollarán al proporcionar los parámetros de una educación equitativa y de calidad en áreas curriculares tales como la de matemáticas, contribuyendo, en definitiva, al desarrollo académico, social y emocional de este tipo de alumnado.

Estado actual de la atención a los Alumnos de Altas Capacidades (AACC) en matemáticas

Definición y características de los AACC: Enfoque específico en matemáticas

Para comprender el estado actual en el tratamiento e intervención de los estudiantes de altas capacidades, debemos entender que nos estamos refiriendo a un colectivo de alumnos que poseen una serie de habilidades avanzadas que, en su conjunto, van a resultar un factor destacado en la comprensión y entendimiento entre sus iguales y les permitirá sobresalir y destacar en áreas específicas o múltiples dominios de conocimiento. Nos referimos a capacidades que integran habilidades cognitivas y creativas y que su proyección logrará expectativas que superarán lo esperado en una edad o etapa del desarrollo (Renzulli, 2012; Renzulli y Reis, 2018).

Sastre-Riba (2016) nos señala que, en el ámbito de la enseñanza de las matemáticas, nuestros estudiantes manifiestan una comprensión profunda, rápida y eficaz de los conceptos matemáticos prescriptivos según currículo, además de una gran capacidad en la resolución de problemas complejos, estableciendo conexiones abstractas entre diferentes constructos matemáticos, y todo ello no correspondiente con el nivel evolutivo considerado como normal o vinculado a su edad evolutiva.

En efecto, debemos entender que, en el despliegue de las características psicoevolutivas de estos estudiantes, en concreto, en el aprendizaje de las matemáticas, se registra un nivel muy superior de razonamiento lógico con respecto al establecido como de normal, además de facilidad para la identificación de patrones y relaciones, así como una gran capacidad para proyectar, generalizar y extrapolar conceptos matemáticos a nuevos entornos y situaciones (Freeman, 2010). Silverman (2009) puntualiza que experimentan una gran curiosidad por temas relacionados con las matemáticas, quizás fruto de una importante motivación intrínseca para aprender a través de la investigación y el descubrimiento, mucho más allá que del currículo prescriptivo. Es curioso constatar que muchos de estos alumnos, en edades muy tempranas, muestran una gran precocidad en el desarrollo de habilidades matemáticas, como, por ejemplo, la capacidad de realizar cálculos matemáticos de gran complejidad y de resolución casi inmediata (Gross, 2004).

En lo relativo a la intervención psicopedagógica de estos estudiantes, es necesario ofrecer un planteamiento muy completo de medidas de intervención inclusivas orientadas al desarrollo eficaz de sus habilidades. Entre ellas podemos destacar el *enriquecimiento curricular*, que planteará actividades o situaciones de aprendizaje retadoras y desafiantes y les permitirá profundizar en relación con temas específicos de interés y que, por supuesto, satisfarán sus necesidades de conocimiento (Rodríguez, 2019). *La aceleración* es otra de las medidas que se puede adoptar y que va a permitir el avance del currículo con un ritmo más rápido y acorde a sus características personales.

No todos los alumnos con altas capacidades tienen los mismos intereses (VanTassel-Baska, 2003), es necesario fomentar la resiliencia a través de un entorno o clima de aprendizaje diseñado de tal manera que promueva hacia el enfrentamiento de desafíos y superación de obstáculos (Masten, 2014), promocionando un desarrollo académico, social y emocional de estos estudiantes.

Políticas y prácticas actuales: Evaluación de las medidas existentes y su efectividad

Se constata que las políticas educativas al respecto son muy diferentes entre países y regiones variando significativamente al considerar y detectar la inclusión en la *identificación temprana, la adaptación curricular* y la *formación continua* por parte de maestros y profesores. También hay que indicar que la atención a las necesidades de estudiantes de altas capacidades en matemáticas ha ocupado el centro de atención en diferentes políticas y prácticas dispuestas y diseñadas para maximizar su potencial. Conejeros-Solar y Gómez-Arizaga (2020) recalcan que la **identificación temprana** constituye un pilar fundamental que va a proporcionar un apoyo imprescindible desde las primeras edades y que contribuirá, de manera significativa, a potenciar y desarrollar sus habilidades de la mejor manera posible. En cuanto a la **adaptación curricular**, se refiere a la adecuación de *programas de enriquecimiento* y *aceleración* para favorecer un desafío más adecuado a los estudiantes. En este sentido, Aguirre (2016) señala que la incorporación de estas medidas no siempre resulta efectiva si se aplican de manera uniforme, es decir, su efectividad se verá comprometida con la carencia de recursos y de formación especializada por parte de los docentes.

Al tratar la efectividad de las políticas y prácticas actuales hay que indicar que se han evaluado a través de diversos estudios. El realizado por Colomer *et al.* (2001) manifiesta que la implementación de *programas de enriquecimiento curricular* ha podido aportar resultados muy positivos en el desarrollo de habilidades matemáticas avanzadas, así como en relación con la motivación de este tipo de alumnado. Recordemos que estos programas están destinados hacia el descubrimiento y conocimiento de temas mucho más profundos y complejos por lo que constituirán o formarán aprendizajes significativos duraderos.

Un tema de especial preocupación es la falta de formación específica por parte de los docentes, que por sí constituye un obstáculo importante. La falta de preparación para la detección, identificación y atención de este tipo de estudiantes conlleva una infrautilización del desarrollo de sus capacidades y, por lo tanto, de su potencial personal (Aguirre, 2016). Los adecuados criterios de evaluación y el seguimiento de estos alumnos también son problemas que un docente debe dominar para adecuar y ajustar las estrategias de enseñanza-aprendizaje a sus necesidades en continuo cambio.

Así pues, sabemos de la existencia de políticas y prácticas prometedoras en sí destinadas hacia la atención de los estudiantes de AACC en matemáticas, pero serán efectivas si se tiene en cuenta su correcta implementación y adecuada supervisión por parte de los docentes en formación continua. Por lo tanto, es esencial que las políticas educativas incluyan estrategias y recursos para fomentar la resiliencia, proporcionando apoyo emocional y herramientas para la gestión del estrés.

Vinculación con el proceso resiliente

Concepto de resiliencia: Definición y su importancia en el contexto educativo

Es necesario analizar el concepto de resiliencia especialmente si se trata de alumnos con altas capacidades y su relación con el desarrollo de sus habilidades en la enseñanza de las matemáticas.

La resiliencia es un constructo que se puede definir como la capacidad de adaptación y superación frente a las adversidades, desarrollando un aprendizaje positivo a pesar de las circunstancias poco propicias y alentadoras (Conejeros-Solar y Gómez-Arizaga, 2020). En un contexto educativo, este término no solo hace referencia a la capacidad de los estudiantes para abordar la gestión de los desafíos en el ámbito académico, sino que también proporcionan el entorno adecuado para desarrollar habilidades en el manejo del estrés en situaciones de presión derivadas de su propia vivencia. El aprendizaje extraído en estas circunstancias tan peculiares es crucial para su éxito personal y, posiblemente profesional (Morgan, 2021; Quezadas *et al.*, 2023).

De la Ossa y Orrego (2021) señalan que la importancia en formación en resiliencia descansa en la capacidad del estudiante para afianzar y fortalecerse frente a las situaciones complicadas en el proceso de afrontamiento. Aquellos alumnos que desarrollan una alta resiliencia muestran conductas de mayor autoestima, adaptabilidad y creatividad, cualidades y herramientas que les permitirán afrontar retos de forma más efectiva y, por lo tanto, persistirán en la búsqueda del conocimiento a pesar de lo hostil de las circunstancias. Es más, Quezadas *et al.* (2023) añade que la resiliencia favorece el crecimiento en actitud positiva reduciendo el estrés, por lo que contribuirá a un clima de aprendizaje más saludable, constructivo y productivo.

Centrándonos en los estudiantes de altas capacidades y en su relación con el aprendizaje de las matemáticas, la resiliencia ocupa un papel fundamental, puesto que este tipo de alumnado se enfrenta continuamente a desafíos y retos únicos como, por ejemplo, la presión para resaltar o sobresalir, junto con la necesidad de controlar y manejar expectativas elevadas. La resiliencia no solo les permitirá sobrevolar estos desafíos, sino que les enseñarán a aprovecharse de las oportunidades para medrar y desarrollarse (Morgan, 2021).

Así pues, podemos decir que la resiliencia es una habilidad clave para los alumnos de AACC en el área de las matemáticas, puesto que el desarrollo y fortalecimiento que experimentarán en este entorno será un marcador relevante que diferenciará profundamente su posterior éxito académico y personal. Se debería trabajar más activamente es esta área integrándola en los planes de estudios teórico-prácticos actuales.

Cómo la resiliencia contribuye a la tolerancia y comprensión en estudiantes de AACC. Fortalezas desarrolladas a través de la resiliencia

Tal y como se mencionó en el apartado anterior, la resiliencia es una capacidad decisiva para los alumnos de altas capacidades (AACC) en la disciplina de matemáticas, porque, entre otras cosas, les **ayuda en la gestión y superación** de posibles desafíos tanto académicos como personales (Dehaene, 2016).

Los estudios realizados por Salvo-Garrido *et al.* (2020) señalan que los estudiantes de altas capacidades en matemáticas deben afrontar escenarios caracterizados por las altas expectativas que se exigen para poder destacar en el contexto en el que interaccionan, por lo que el producto resultante son conductas típicas de estrés y ansiedad. Una adecuada formación en resiliencia les permitirá gestionar estas emociones y generar una actitud positiva y proactiva antes las adversidades y desafíos surgidos.

En relación con las fortalezas desarrolladas por estos alumnos a través de la resiliencia, podemos indicar que incrementan la **capacidad de comprensión**, es decir, la capacidad para entender y asimilar información, situaciones y conceptos. Mejoran la habilidad de los estudiantes para captar y procesar los saberes básicos-académicos, así como también **desarrollan procesos empáticos** para el entendimiento de perspectivas y planteamientos entre sus iguales, por lo que amplían las **habilidades de comunicación y colaboración** esenciales para el trabajo en equipo (Anghel, *et al.*, 2015; Sánchez, 2013). Secanilla (2019) agrega que este fomento de la habilidad de comprensión y empatía genera un escenario de aprendizaje inclusivo respetuoso muy propicio para que todos los estudiantes se sientan valorados, reconocidos y apoyados.

Así es, la resiliencia fortalece en los estudiantes la **confianza en sí mismos**, dotándoles de herramientas para superar dificultades con una actitud proactiva y segura (Sánchez, 2002).

Otras de las fortalezas que se potencian a través de los pilares de la resiliencia es la **capacidad de perseverar** ante las situaciones conflictivas o de difícil afrontamiento, generando un aumento en su motivación intrínseca para continuar con sus estudios y mantener el enfoque. Nos referimos con ello a que los alumnos resilientes son más capaces de acomodar sus estrategias de aprendizaje en función del entorno o circunstancias en las que están inmersos y, por lo tanto, son más adaptables, de esta manera superarán los obstáculos o barreras de forma más eficiente (Miranda-Zapata *et al.*, 2020).

En definitiva, educar en resiliencia en estudiantes de altas capacidades en matemáticas constituye una habilidad esencial para dotarles de fortalezas reales tales como la tolerancia y comprensión hacia los desafíos y retos académicos y sociales, así como mejorar la confianza en sí mismo, perseverar y desarrollar habilidades sociales y de adaptabilidad. Estas estrategias pueden incluir la creación de un entorno de apoyo y la implementación de programas de mentoría (Quezadas *et al.*, 2023). Todo ello contribuirá en su éxito y bienestar personal y profesional.

Medidas específicas de atención educativa

Estrategias de intervención inclusiva: Técnicas y metodologías para enseñar matemáticas a estudiantes de AACC. Casos de éxito

Partimos de la premisa que la educación inclusiva persigue atender y satisfacer las necesidades, no solo de los estudiantes con capacidades diferentes, sino de todos los estudiantes, incluyendo a los de altas capacidades que cursan estudios de matemáticas. En concreto, este tipo de alumnado necesita una planificación especial y actuaciones de intervención específicas destinadas no solo a potenciar sus habilidades y capacidades académicas, sino también a desarrollar y favorecer su desarrollo emocional y social. En este sentido, la resiliencia interviene jugando un papel decisivo en este contexto, puesto que va a permitir a los alumnos encarar posibles inconvenientes o desafíos (Pfeiffer y Burko, 2015).

Las medidas de intervención inclusivas para estudiantes de altas capacidades en matemáticas incluyen la *diferenciación del currículo, el enriquecimiento* (Planes Individualizados de Enriquecimiento Curricular (PIEC) y *la aceleración.*

La *diferenciación del currículo* supone adecuar los saberes fundamentales y las metodologías de enseñanza de tal forma que correspondan con las necesidades personales de cada alumno (Higueras-Rodríguez, 2017).

El *enriquecimiento curricular* (Planes Individualizados de Enriquecimiento Curricular (PIEC), por su parte, proporciona perspectivas y propuestas complementarias al currículo prescriptivo, con lo que les permitirá indagar y analizar temas de mayor profundidad o nivel de abstracción (Ferrando, *et al.,* 2016).

Como ya indicamos, la resiliencia no solo favorece la gestión de manera eficaz, en situaciones de estrés y presión, sino que también promueve una actitud positiva y constructiva hacia el aprendizaje y la colaboración (Villegas, 2017). Es por ello por lo que los Planes Individualizados de Enriquecimiento Curricular (PIEC) constituyen elementos fundamentales para la atención y satisfacción de las necesidades de este tipo de alumnado. Evidentemente, estas planificaciones se constituyen con un diseño personalizado, puesto que hay que tener en cuenta las fortalezas, intereses y necesidades de cada alumno.

Podemos citar el ejemplo de PIEC implementado por la Comunidad de Madrid, que propone actividades muy particulares para estudiantes de altas capacidades en la asignatura de Matemáticas que les permite colaborar en proyectos de investigación, así como en competencias académicas (EducaMadrid, 2025). Otro ejemplo relevante que hay que destacar es el del proyecto experimental de intervención educativa realizado en la región de Murcia, que integra talleres de *enriquecimiento extracurricular.* Este proyecto está programado para los fines de semana y desarrollan, entre otras, habilidades sociales y académicas en un entorno colaborativo (Robinson y Aronica, 2015).

Así pues, las estrategias de intervención inclusivas y los procesos resilientes son esenciales para el desarrollo integral de los estudiantes de altas capacidades en matemáticas. Los planes individualizados de *enriquecimiento curricular*, junto con estrategias de resiliencia, no solo potencian las habilidades académicas de estos estudiantes, sino que también promueven su bienestar emocional y social.

Programas de mentoría y tutoría: Impacto en el desarrollo académico y personal

La implementación de programas de mentoría y tutoría en este colectivo de estudiantes han demostrado ser recursos relevantes de gran impacto en el desarrollo social, académico y personal de alumnos de altas capacidades. Se trata de herramientas muy efectivas que proporcionan apoyo individualizado, orientación y recursos que van a favorecer el enfrentamiento a desafíos y circunstancias adversas, tanto en el plano académico como en el personal.

En la línea de las investigaciones de García *et al.* (2012) se demostró que la tutoría grupal evidenciaba una relación significativa con el rendimiento académico de los estudiantes, reduciendo las tasas de reprobación y mejorando el aprovechamiento escolar. Este estudio evidenció que aquellos estudiantes que participaron en programas de tutoría tenían menos probabilidades de reprobar en comparación con aquellos que no recibieron tutoría.

Debemos recordar que la mentoría encuentra el foco de atención en el *desarrollo personal-social y el logro académico*. En este sentido, Ponce *et al.* (2018) señalan que los programas de mentoría pueden dividirse en dos tipos: aquellos orientados al *desarrollo personal-social* y aquellos enfocados en el *logro académico*. Hay que indicar que, en la aplicación de ambos tipos de programas, los resultados han avalado la conveniencia y beneficios de los mismos, puesto que han completado satisfactoriamente el proceso de formación de conductas adaptativas, así como la mejora del rendimiento académico. Es indudable que la mentoría resulta una acción muy importante y que deben seguir los alumnos, puesto que les proporcionará un apoyo constante y facilitará la posibilidad de desarrollar habilidades de resiliencia para el enfrentamiento de situaciones y circunstancias adversas de manera positiva y efectiva.

En este contexto, hay que destacar que, en el *Instituto Tecnológico de Sonora*, los programas de tutoría presencial y virtual han tenido un impacto significativo en el desempeño académico de los estudiantes. García *et al.* (2011) encontraron que estos programas ayudaban a los alumnos a adaptarse al entorno educativo, mejorando sus habilidades de estudio y reduciendo la ansiedad ante los exámenes.

La tutoría también contribuye a la estabilidad emocional de los estudiantes, lo que es crucial para su éxito académico y personal.

Conclusiones

La resiliencia no es una capacidad exclusiva de las AACC, pero este tipo de alumnos, debido en parte a su desarrollo normalmente asincrónico (disincronía interna y social) y su extremada sensibilidad junto a otros factores, necesitan que se les dote, desde edades muy tempranas, de estrategias y habilidades necesarias para que puedan superar con éxito los obstáculos a los que se tienen que enfrentar en su día a día y por extensión en su entorno más inmediato, como es el colegio, en su casa o en cualquier otro contexto social de un modo resiliente.

El estrés que puede llegar a acumular y no saber gestionar el estudiante de altas capacidades, por no satisfacer sus necesidades cognitivas, sociales y/o emocionales, puede, a largo plazo, deteriorar su salud física y bienestar psicológico. Es más, cuando llegan a la etapa adolescente se intensifican sus propios cambios internos y externos y sus logros se tornan más inalcanzables si cabe por no haber adquirido las competencias clave ni las herramientas necesarias durante su infancia para superar con éxito los futuros obstáculos. Por ello, su capacidad de resiliencia se resiente y no es suficiente para salir a flote y cumplir sus expectativas como deberían, por lo que el fracaso, la desmotivación, la frustración están asegurados.

La educación inclusiva y la resiliencia son fundamentales para el desarrollo integral de los estudiantes de altas capacidades en matemáticas. La implementación de estrategias metodológicas específicas, como la diferenciación del currículo y el enriquecimiento curricular, permiten atender las necesidades individuales de estos estudiantes y potenciar sus habilidades. Además, fomentar la resiliencia en los estudiantes de AACC es crucial para que puedan enfrentar y superar los problemas académicos y personales, transformando las complicaciones en oportunidades de crecimiento (Gómez y Rivas, 2017).

Algunas de las barreras con las que se encuentran los alumnos de AACC en matemáticas pueden ser debidas, en primer lugar, al currículo prescriptivo de esta materia, ya que puede no ajustarse a su desarrollo cognitivo, más cercano al currículo prescriptivo de ciclos o cursos superiores. En segundo lugar, la planificación de actividades mecánicas o repetitivas basadas en un único estilo de aprendizaje y en las que no se fomente el desarrollo de competencias específicas relacionadas con procesos cognitivos superiores, tales como: comparar, generalizar, sintetizar, analizar de forma crítica, evaluar, y que impliquen la reflexión, la deducción, la toma de decisiones, la creación, la elaboración de productos, la transferencia o la interdisciplinariedad. Es decir, la ausencia de metodologías activas y cooperativas que favorezcan la investigación, la interacción y el trabajo autónomo, que respondan a intereses diversificados y que puedan suponer la organización de grupos de enriquecimiento que permitan profundizar, indagar o fomentar el desarrollo emocional. Por último y, en tercer lugar, las expectativas desajustadas sobre los alumnos con AACC, basadas en altas perspectivas sobre su comportamiento, aprendizaje, rendimiento o desarrollo.

Recomendaciones

Se recomienda que las instituciones educativas adopten un enfoque inclusivo que combine la atención a las necesidades académicas y emocionales de los estudiantes de altas capacidades. Esto incluye la formación continua de los docentes en estrategias de enseñanza diferenciada y el desarrollo de programas de mentoría y apoyo emocional. Asimismo, es esencial promover un entorno escolar que valore la diversidad y fomente la colaboración y el apoyo mutuo entre todos los agentes implicados en el complejo mundo de la educación.

Por ejemplo, la Comunidad de Madrid, desde finales del año 2023, ha realizado un gran esfuerzo para llevar a cabo orientaciones para el profesorado, desde la viceconsejería de política educativa para el diseño, elaboración y aplicación del plan IncluYO en cada centro, donde se determinará cómo atender a la diversidad de su alumnado en un plan específico de atención a las diferencias individuales que incorporarán a su proyecto educativo y que se denominará Plan IncluYO.

En este contexto, se prestará especial atención a los alumnos con altas capacidades. Para ellos, se diseñará un plan individualizado de enriquecimiento curricular. Este plan tendrá como finalidad promover el máximo desarrollo de sus competencias y habilidades, adaptándose al curso y etapa educativa en la que se encuentren. De esta manera, se busca ofrecerles oportunidades de aprendizaje que sean desafiantes y estimulantes, permitiéndoles alcanzar su pleno potencial académico y personal.

En matemáticas, a la vista de las Unidades de Programación Didáctica (UPD) del curso del alumno, se planificarán y adecuarán las actividades/situaciones de aprendizaje de acuerdo con las inquietudes y desarrollo cognitivo de este alumno. De la misma manera, se podrá reconocer los recursos, materiales e instrumentos de evaluación más apropiados, según corresponda.

Este plan individualizado se formalizará en un anexo que se incluirá dentro del plan IncluYO del centro. Además, se intentará flexibilizar la enseñanza para este alumnado de AACC, teniendo en cuenta lo regulado en la normativa de ordenación académica de cada enseñanza.

La Comunidad de Madrid creó en 2023 el Centro Regional de Enriquecimiento educativo para el alumnado con Altas Capacidades (CREACIM), un espacio docente público pionero en España que coordina en exclusiva la formación y los recursos para los equipos docentes de estos alumnos de AACC. Además, también los alumnos pueden participar en el Programa de Enriquecimiento educativo para alumnos con Altas Capacidades (PEAC) que se imparte en el CREACIM.

En otras comunidades autónomas de España también se han implementado diversas iniciativas para apoyar a los alumnos con altas capacidades.

En Cataluña, la Generalitat de Cataluña ha desarrollado programas específicos para alumnos con altas capacidades, incluyendo formación para docentes y actividades de enriquecimiento educativo. Además, existen centros especializados que ofrecen apoyo y recursos a estos estudiantes.

En Andalucía, la Junta de Andalucía cuenta con el Programa de Enriquecimiento Educativo para Alumnos con Altas Capacidades Intelectuales (PEEAACI), que ofrece actividades extracurriculares y apoyo específico para estos alumnos. También se realizan jornadas de formación para el profesorado.

En la Comunidad Valenciana se han establecido programas de detección y atención a alumnos con altas capacidades, así como formación continua para los docentes. Además, se promueven actividades de enriquecimiento y talleres específicos.

En Galicia, la Xunta de Galicia ha implementado programas de atención a la diversidad que incluyen medidas específicas para alumnos con altas capacidades. Se ofrecen actividades de enriquecimiento y apoyo psicopedagógico.

En el País Vasco, el Gobierno Vasco ha desarrollado programas de atención a la diversidad que incluyen a los alumnos con altas capacidades. Se realizan actividades de enriquecimiento y se proporciona formación específica para los docentes.

En Aragón se ha implementado el primer plan de atención para niños y jóvenes con altas capacidades, que incluye actividades como charlas de expertos, talleres familiares centrados en la autoestima y la creación de una *Escuela de Familias*.

En Asturias cuenta con una guía educativa que define el concepto de altas capacidades y desarrolla estrategias para que los docentes y las familias puedan dar respuesta a las necesidades de estos alumnos. Además, la Asociación de Padres de Alumnos de Altas Capacidades (APADAC) ofrece apoyo a las familias.

En Baleares, la atención a la diversidad se establece como principio fundamental en la enseñanza básica, con medidas específicas para identificar y valorar tempranamente las necesidades de los alumnos con altas capacidades.

Canarias tiene una normativa específica que regula la atención a la diversidad y la identificación temprana de alumnos con altas capacidades. Además, se ofrecen planes de actuación adecuados a sus necesidades.

Cantabria ha puesto en marcha un programa de apoyo a la detección y atención educativa inclusiva del alumnado con altas capacidades, proporcionando asesoramiento, materiales y herramientas para facilitar la comprensión y desarrollo de estos alumnos.

Castilla-La Mancha cuenta con un protocolo de actuación para el alumnado con altas capacidades, que incluye la detección, evaluación y respuesta educativa adecuada. También se ha implementado el Bachillerato de Excelencia para estos alumnos.

Castilla y León han desarrollado una guía para la atención educativa del alumnado con altas capacidades, ofreciendo información y estrategias para responder adecuadamente a sus necesidades. Además, se adoptan medidas como adaptaciones curriculares y agrupamientos específicos.

Extremadura ha creado una Unidad de Atención para Alumnos con Altas Capacidades, que proporciona recursos, guías y asesoramiento a centros educativos y servicios de orientación.

Murcia organiza la respuesta educativa al alumnado con altas capacidades sobre cuatro pilares: centros preferentes, talleres de enriquecimiento extracurricular, asesoramiento para la identificación y evaluación psicopedagógica.

Navarra ha triplicado la detección de alumnado con altas capacidades y ha presentado un modelo de intervención para guiar a los centros educativos en el diseño de una atención educativa adecuada. La Asociación Navarra para las Altas Capacidades (ANAC) también ofrece apoyo y orientación.

Y, finalmente, la Rioja ha implementado medidas de atención a la diversidad, incluyendo la identificación temprana y la respuesta educativa adecuada para alumnos con altas capacidades.

Estas iniciativas en su conjunto buscan asegurar que los alumnos con altas capacidades reciban el apoyo y los recursos necesarios para desarrollar todo su potencial.

Así pues, nuestra recomendación es tanto para cada alumno de AACC, como para su equipo docente, para su familia y para las instituciones educativas donde el alumno está ubicado. El estudiante debe fomentar su resiliencia, siempre ayudado por el entorno familiar. Los profesores realizarán las medidas inclusivas adecuadas y pertinentes que las instituciones educativas les permitan.

Referencias

Aguirre Estarli, L. (2016). *Alumnos con altas capacidades: Protocolo de actuación y propuesta de actividades de enriquecimiento curricular.* Universidad de Valladolid.

Alonso Carmona, C., García-Arnau, A. y Vázquez-Cupeiro, S. (2023). ¿Qué es la desigualdad educativa? Divergencias y continuidades en las grandes reformas educativas en España. *Archivos Analíticos de Políticas Educativas*, 31(81). https://doi.org/10.14507/epaa.31.8021

Anghelache, C., Manole, A. y Anghel, M. G. (2015). Analysis of final consumption, gross investment, the changes in inventories and net exports influence of GDP evolution, by multiple regression. *International Journal of Academic Research in Accounting, Finance and Management Sciences*, 5(3), 87-92. https://doi.org/10.6007/IJARAFMS/v5-i3/1754

Asamblea General de las Naciones Unidas (1989). Convención sobre los Derechos del Niño. United Nations, *Treaty Series*, vol. 1577, p. 3. https://www.refworld.org/es/docid/50ac92492.html

Colomer, T., Masot, M. J. y Navarro, I. (2001). *Evaluación psicopedagógica del alumnado con necesidades educativas específicas de apoyo educativo derivadas de altas capacidades intelectuales*. Centro de Recursos de Educación Especial de Navarra.

Conejeros-Solar, M. L. y Gómez-Arizaga, M. P. (2020). *Orientaciones para políticas de atención integral a las altas capacidades*. Centro de Investigación para la Educación Inclusiva, Universidad de Santiago de Chile.

Dehaene, S. (2016). *El cerebro matemático. Cómo nacen, viven y a veces mueren los números en nuestra mente*. Siglo XXI.

De la Ossa Robinson, S. y Orrego Noreña, J. F. (2021). La resiliencia en el contexto académico. *Revista Complutense de Educación*, 32(2). https://dx.doi.org/10.5209/rced.74088

EducaMadrid (2025). *Plan Individualizado de Enriquecimiento Curricular*. Recuperado de https://www.educa2.madrid.org/web/equipo-especifico-altas-capma?acidades/plan-individualizado-de-enriquecimiento-curricular

Ferrándiz, C., Rojo, Á. y Ferrando, M. (2017). Intervención educativa en alumnado con altas capacidades intelectuales. *Revista Nacional e Internacional de Educación Inclusiva*, 10(1), 265-277.

Ferrando, M., Prieto, M. D., Ferrándiz, C. y Sánchez, C. (2016). El enriquecimiento curricular como respuesta educativa para el alumnado con altas capacidades. *Revista de Psicología y Educación*, 11(2), 45-58.

Freeman, J. (2010). *Gifted Lives: What Happens When Gifted Children Grow Up*. Routledge.

Forés, A. y Grané, J. (2013). *La resiliencia en entornos socioeducativos: sentido, propuestas y experiencias.* Madrid: Narcea.

García López, R. I., Cuevas Salazar, O., Vales García, J. J. y Cruz Medina, I. R. (2011). Los programas de tutoría presencial y virtual: su impacto en el desempeño académico de estudiantes universitarios. Instituto Tecnológico de Sonora. Recuperado de https://www.itson.mx/publicaciones/Documents/ciencias-sociales/losprogramasdetutoriapresencial.pdf

García López, R. I., Cuevas Salazar, O., Vales García, J. J. y Cruz Medina, I. R. (2012). Impacto del Programa de Tutoría en el desempeño académico de los alumnos del Instituto Tecnológico de Sonora. *Revista Electrónica de Investigación Educativa,* 14(1). Recuperado de https://www.scielo.org.mx/scielo.php?script=sci_arttext&pid=S1607-40412012000100007

Gentile A. y Arias F. (2014). La calidad educativa en España. Repaso de su definición normativa y aproximación a un debate todavía actual, Témpora. *Revista de Sociología de la Educación,* n.17, pp. 49-71.

Gómez, G. y Rivas, M. (2017). Resiliencia académica, nuevas perspectivas de interpretación del aprendizaje en contextos de vulnerabilidad social. *Calidad en la Educación,* 47, 215-230. http://dx.doi.org/10.4067/S0718-45652017000200215

Gross, M. U. M. (2004). *Exceptionally Gifted Children.* Routledge.

Higueras-Rodríguez, L. (2017). Intervención educativa en el alumnado con altas capacidades. *Revista Ensayos Pedagógicos* Vol. XII, Nº 1 69-81, http://dx.doi.org/10.15359/rep.12-1.4

Jardí, A. y Puigdellívol, I. (2024). Medidas de Apoyo Educativo para la Inclusión en la Teoría y en la Práctica. ¿Son siempre Inclusivas? *Revista Latinoamericana de Educación Inclusiva,* 18(1), 23-42. https://doi.org/10.4067/S0718-73782024000100023

Martínez, M. y Guirado, A. (2010). *Alumnado con altas capacidades.* Barcelona: GRAO.

Masten, A. S. (2014). *Ordinary Magic: Resilience in Development.* Guilford Press.

Miranda-Zapata, E., Schnettler, B. y Grunert, K. G. (2020). *Satisfaction with food-related life and life satisfaction: A triadic analysis in dual-earner families. Cadernos de Saúde Pública,* 36(2), e00012320. https://doi.org/10.1590/0102-311X00012320

Ministerio de Educación, Formación Profesional y Deportes (2020). *Ley Orgánica 2/2006, de 3 de mayo, de Educación (LOE)*. Recuperado de educagob.educacionfpydeportes.gob.es

Ministerio de Educación, Formación Profesional y Deportes (1985). *Ley Orgánica 8/1985, de 3 de julio, reguladora del Derecho a la Educación (LODE)*. Recuperado de educagob.educacionfpydeportes.gob.es

Ministerio de Educación, Formación Profesional y Deportes (2020). *Ley Orgánica 3/2020, de 29 de diciembre, por la que se modifica la Ley Orgánica 2/2006, de 3 de mayo, de Educación* (LOMLOE). Recuperado de educagob.educacionfpydeportes.gob.es.

Montero-Pau, J., Tuzón, P. y Gavidia, V. (2018). Education for health in Spanish education laws: Comparative between the LOE and the LOMCE. *Revista Española de Salud Pública, 92*, e201806030. https://doi.org/10.4321/S1135-57272018000600030

Morgan Asch, J. (2021). El análisis de la resiliencia y el rendimiento académico en los estudiantes universitarios. *Revista Nacional de Administración, 12*(1). http://dx.doi.org/10.22458/rna.v12i1.3534

Pfeiffer, S. I. y Burko, J. (2015). El modelo tripartito sobre la alta capacidad y las mejores prácticas en la evaluación de los más capaces. *Revista de Educación, 368*. Abril-junio 66-95. doi: 10.4438/1988-592X-RE-2015-368-293

Ponce Ceballos, S., García-Cabrero, B., Islas Cervantes, D., Yessica Martínez Soto, y Aserna Rodríguez, A. (2018). De la tutoría a la mentoría. reflexiones en torno a la diversidad del trabajo docente. *Revista Páginas de Educación*. Vol. 11, Núm. 2 215-235. https://doi.org/10.22235/pe.v11i2.1635

Quezadas Barahona, A. L., Baeza Sosa, E., Ovando Torres, J. C., Gómez Gallardo, C. del C. y Bracqbien Noygues, C. S. (2023). Educación para la resiliencia, un análisis desde la perspectiva de niñas, niños y docentes. *Revista Latinoamericana de Estudios Educativos, 53*(1). https://doi.org/10.48102/rlee.2023.53.1.534

Renzulli, J. S. y Reis, S. M. (2018). La concepción de los tres anillos de la superdotación: Un enfoque de desarrollo para promover la productividad creativa en los jóvenes. En S. I Pfeiffer, E. Shaunessy-Dedrick y M. Foley-Nicpon (Eds.), *Manual APA de superdotación y talento* (pp.185-199). Asociación Americana de Psicología. https://doi.org/10.1037/0000038-012

Renzulli, J. S. (2012). Reexamining the Role of Gifted Education and Talent Development for the 21st Century: *A Four-Part Theoretical Approach. Gifted Child Quarterly*, 56(3), 150-159.

Robinson, K. y Aronica, L. (2015). *Escuelas creativas: La revolución que está transformando la educación*. Grijalbo.

Rodríguez Cao, L. (2019). *Supermentes. Reconocer las altas capacidades en la infancia*. Gedisa.

Salvo-Garrido, S., Miranda Vargas, H., Vivallo Urra, O., Gálvez-Nieto, J. L. y Miranda-Zapata, E. (2020). Estudiantes resilientes en el área de matemática: Examinando los factores protectores y de riesgo en un país emergente. *Revista Iberoamericana de Diagnóstico y Evaluación Psicológica*, 55(1). https://www.aidep.org/sites/default/files/2020-04/RIDEP55-Art4.pdf

Sánchez, A. (2013) *Altas capacidades intelectuales: sobredotación y talentos. Detección, evaluación, diagnóstico e intervención educativa y familiar.* Zumaque.

Sánchez, E. (2002). *Presentación. En Superdotados y Talentos (un enfoque neurológico, psicológico y pedagógico)*. CCS.

Sánchez Dauder, M. (2014). L*as altas capacidades en la escuela inclusiva. Los Marramiaus de la calle Caballa Descarada*. Horsori.

Sánchez Dauder, M. (2017). *Las altas capacidades en la escuela inclusiva. Animalem*. Horsori.

Sánchez Dauder, M. (2019). Las Altas Capacidades en la Escuela Inclusiva. *Almoraima. Revista de Estudios Campogibraltareños*. 50. 215-222. Recuperado de: https://institutoecg.es/wp-content/uploads/2019/05/Las-altas-capacidades-escuela-inclusiva.pdf

Sastre-Riba, S. (2016). *La alta capacidad intelectual: perfiles multidimensionales de superdotación y talento*. Universidad de La Rioja.

Secanilla, E. (2019). *Actividades físicas y altas capacidades. Propuestas didácticas*. Horsori.

Silverman, L. K. (2009). *Giftedness 101*. Springer Publishing Company.

Tijada Inés, P. (2016). Las altas capacidades en la escuela inclusiva. *Revista internacional de apoyo a la inclusión, logopedia, sociedad y multiculturalidad*, 2(1), 75- 88. Recuperado de https://revistaselectronicas.ujaen.es/index.php/riai/article/view/4196/3421

Trinidad Requena, A., Fernández Castaño, F. y Gentile., A. (2018). Las reformas educativas en España desde la transición democrática. Observatorio de Educación. https://zaguan.unizar.es/record/77083/files/texto_completo.pdf

UNESCO (2009). *Directrices sobre políticas de inclusión en la educación.* UNESCO.

VanTassel-Baska, J. (2003). *Curriculum Planning and Instructional Design for Gifted Learners.* Love Publishing Company.

Villegas Morcillo, A. (2017). *Resiliencia educativa. En II Congreso Internacional Virtual sobre La Educación en el Siglo* XXI. Universidad de Murcia.

Bloque III

TEA como eje central del monográfico

III. Tea como eje central del monográfico

Este penúltimo bloque constituye el **núcleo vertebrador del presente monográfico**, alineándose con los objetivos fundamentales del proyecto identitario «DocenTEA» de la Universidad CEU San Pablo. Dicho proyecto nace con la finalidad de generar conocimiento riguroso y promover intervenciones educativas innovadoras orientadas a **la inclusión real y efectiva del alumnado con Trastorno del Espectro Autista (TEA)** en todos los niveles del sistema educativo, desde la etapa infantil hasta la universidad.

Los capítulos que conforman este bloque ofrecen una visión amplia, actualizada y profundamente comprometida con la **necesidad de comprender el TEA desde un enfoque neuroeducativo y humanista**, centrado en el respeto a la singularidad y en el desarrollo del potencial de cada estudiante. En primer lugar, se plantea la **neuroeducación como base para la inclusión** del alumnado con TEA, explorando sus fundamentos científicos y su aplicación práctica en contextos escolares.

A continuación, se analizan los **factores cognitivo-motivacionales que influyen en el autoconcepto** de estos estudiantes, subrayando el papel que desempeñan los docentes en la construcción de experiencias educativas que favorezcan la autoestima, el sentido de competencia y la participación. También se aborda el **juego como herramienta didáctica clave para la intervención inclusiva en el contexto del TEA**, destacando su valor en el desarrollo de habilidades socioemocionales y comunicativas desde una perspectiva interdisciplinar.

Finalmente, se ofrece una aportación especialmente innovadora: la **tutoría inclusiva y personalizada en el ámbito universitario** como vía de acompañamiento individualizado para estudiantes con TEA, una dimensión todavía incipiente pero de creciente relevancia en la educación superior.

Este bloque, por su profundidad temática y su articulación con el proyecto *DocenTEA*, **consolida el propósito esencial del libro**: construir una educación que no solo acoja a la neurodiversidad, sino que la comprenda, la valore y la sitúe en el centro de su acción transformadora.

Capítulo 7

La Neuroeducación como base para la inclusión en alumnos TEA

Bárbara Torrente Torres

Introducción

El aprendizaje es un fenómeno complejo que va más allá de acumular información. Es un procedimiento activo que implica una serie de factores cognitivos, afectivos y sociales. En las primeras etapas de la educación, adquiere gran importancia, pues es en este momento en el que se establecen las bases del desarrollo cognitivo y emocional (Thümmler *et al.*, 2022). Para sentar estas bases, debemos entender correctamente el funcionamiento del cerebro en sus primeras etapas y así podremos potenciar mejor su habilidad para aprender. De esta tarea se encarga la neuroeducación, disciplina que busca vincular los avances en el conocimiento y comprensión del cerebro con la práctica pedagógica. Su meta radica en transformar el proceso de enseñanza-aprendizaje, empleando los conocimientos sobre cómo nuestro cerebro adquiere, procesa y retiene la información.

Por tanto, su uso no se limita solamente a la teoría, pues nos da herramientas específicas para fomentar la curiosidad y la participación, apostando porque todos los estudiantes tienen sus propias habilidades para recibir y construir sus conocimientos.

Para la neuroeducación, las funciones ejecutivas (FE) son esenciales. Son como herramientas mentales que usamos para pensar con claridad, organizarnos y resolver problemas. Incluyen cosas como recordar lo que tenemos que hacer, planificar nuestros pasos, controlar impulsos cuando algo nos distrae y cambiar de idea si la situación lo requiere (Kavanaugh *et al.*, 2018). Todas estas habilidades nos ayudan tanto a aprender como a manejarnos mejor en la vida diaria. Como señala Frutos de Miguel (2024), las funciones ejecutivas son esenciales no solo para el rendimiento escolar, sino también para el desarrollo del bienestar emocional y social en los estudiantes.

De hecho, diversas investigaciones han documentado la relevancia de las funciones ejecutivas en el aprendizaje (Cabanes-Flores *et al.*, 2018; Pascual *et al.*, 2019; Robles, & Ortiz Granja, 2024). En la misma línea, para Diamond (2013), los alumnos que desarrollan las funciones ejecutivas de forma adecuada poseen mejores resultados académicos y manifiestan una mayor habilidad de autorregulación. Del mismo modo, son esenciales para entornos educativos inclusivos, donde se reclama un planteamiento pedagógico personalizado (Meltzer, 2018).

Exploraremos en este capítulo, las funciones ejecutivas para el desarrollo de un aprendizaje eficaz y significativo, así como estrategias pedagógicas e inclusivas que aboguen por el fortalecimiento de las FE en el aula. Se espera lograr que los docentes alcancen un conocimiento claro y directamente aplicable acerca de cómo la neuroeducación puede cambiar la forma de enseñar.

Neuroeducación

La neuroeducación nos ayuda a unir lo que sabemos del cerebro con lo que hacemos en las aulas. Es decir, intenta aplicar los descubrimientos de la neurociencia para que enseñar y aprender sea más efectivo y tenga sentido en la práctica diaria (Tokuhama-Espinosa, & Nouri, 2020). Se apoya en usar estrategias que realmente estén demostradas por la ciencia, dejando de lado ideas sin fundamento.

Da prioridad a métodos que tengan en cuenta cómo se adapta al cerebro y cómo van desarrollándose las capacidades de los estudiantes (Parrado, 2024). A partir de este enfoque, nos apoyaremos en algunos aspectos clave que orientan la labor educativa hacia métodos más eficaces, adaptándolos a las características del cerebro humano. A continuación, se presentan algunos de los más relevantes:

La plasticidad y el aprendizaje

La neuroeducación se apoya en la idea de que el cerebro no es estático, cambia, se adapta y crece con la experiencia. Kolb y Gibb (2011), explican que la neuroplasticidad implica que nuestras neuronas pueden reorganizarse con nuevas vivencias lo que convierte cada aprendizaje en una oportunidad de transformación. Lo interesante es, que este proceso no ocurre solo en la infancia, sino que se mantiene a lo largo de la vida (Doidge, & Rountree, 2016). Por eso, entender cómo funciona la neuroplasticidad nos ayuda a diseñar formas de enseñar que realmente aprovechen esta capacidad de cambio del cerebro.

Estudios neurocientíficos sugieren que tanto la plasticidad sináptica, que comprende cambios en los tamaños y fortalezas de las conexiones neuronales, como la plasticidad estructural, que abarca cambios en el número de neuronas y nuevas redes neuronales, son una base fundamental para la memoria y el aprendizaje (Zatorre, Fields, & Johansen-Berg, 2012). Desde esta perspectiva, se deduce que la enseñanza debe ser flexible y brindada de tal manera que favorezca estos procesos de reorganización cerebral.

Emoción y motivación para el aprendizaje

No podemos dejar fuera a las emociones cuando hablamos de aprender. Diversas investigaciones han mostrado que nuestro cerebro guarda mejor la información cuando va acompañado de una emoción significativa porque estructuras como la amígdala y el hipocampo trabajan juntas para fortalecer esos recuerdos (McGaugh, 2015; Phelps, & Davachi, 2015; Tyng *et al.*, 2017). Entonces, surge la importancia de que se generen experiencias que incrementen la curiosidad y la motivación.

Schultz (2016) defiende que cuando los estudiantes están motivados, su cerebro libera dopamina, que es una sustancia relacionada con el placer. Eso hace que lo que aprenden en ese momento se les quede grabado con más facilidad. Por eso es clave que los docentes apliquen actividades que despierten curiosidad y emociones positivas.

Neurodiversidad e individualización del aprendizaje

La neurodiversidad considera irrepetible la figura cognitiva de cada persona, esto es, los alumnos procesan la información de maneras diferentes (Le Cunff *et al.*, 2024). Esto es importante no solo para los alumnos con Trastorno del Espectro Autista (TEA), también para estudiantes con Trastorno por Déficit de Atención e Hiperactividad (TDAH), dislexia y otras dificultades, puesto que pueden beneficiarse de diferentes estrategias educativas que se adapten mejor a sus necesidades. En lugar de insistir en las dificultades, la neuroeducación se basa en las fortalezas de cada uno, permitiendo así potenciar sus habilidades.

Mayer (2021) sugiere la utilización de métodos que utilizan diversas maneras de procesar la información, ya que se ha comprobado que este enfoque mejora la retención y comprensión del aprendizaje. Igualmente, puede resultar beneficioso alternar explicaciones con momentos de asamblea en pequeños grupos, donde los alumnos puedan explicar conceptos con sus propias palabras, debatir diferentes puntos de vista y trabajar aprendizaje cooperativo.

Metodologías activas

La neurociencia ha demostrado que el aprendizaje es más efectivo cuando involucra a diferentes sentidos y fomenta la participación (Shams, & Seitz, 2008). Cuando las personas interactúan con la información a través de experiencias prácticas, como la resolución de problemas, recreaciones o trabajo en equipo, se activan múltiples redes neuronales, lo que facilita una comprensión más profunda.

Hattie (2008) señala que metodologías como el Aprendizaje Basado en Proyectos (ABP) y el Aprendizaje Cooperativo (AC) no solo fortalecen la asimilación de conocimientos, sino que también refuerzan la conexión entre distintas áreas del cerebro. Por lo que, ofrecer experiencias educativas variadas y estimulantes es clave para potenciar la consolidación del conocimiento y favorecer un aprendizaje más significativo.

La neuroeducación como base para la inclusión en alumnos TEA

Uno de los aspectos más valiosos de la neuroeducación es su papel en promover la inclusión. Cada estudiante tiene su propio estilo y ritmo de aprendizaje, y comprender esto es esencial para personalizar las estrategias de enseñanza (Béjar, 2014; Mora, 2017, pp. 8687). Por ejemplo, algo tan sencillo como potenciar las funciones ejecutivas puede marcar la diferencia en cómo los estudiantes manejan sus tareas diarias. Estas habilidades se relacionan con áreas del cerebro responsables de la planificación y toma de decisiones, y pueden ser trabajadas mediante actividades prácticas en clase.

Lord *et al.* (2018) indican que los estudiantes con Trastorno del Espectro Autista (TEA) manifiestan algunas características propias, como dificultades en la comunicación, en el procesamiento sensorial, intereses muy específicos y una fuerte necesidad de rutinas. Para lograr una inclusión más efectiva en el ámbito escolar, es necesario adaptar tanto los entornos físicos como las metodologías, asegurando así su participación.

Entre las estrategias neuroeducativas para una inclusión efectiva en el aula destacan:

- El enfoque multisensorial: se deben diseñar actividades combinando estímulos visuales, auditivos y táctiles, considerando delicadamente las sensibilidades sensoriales de los alumnos, como, por ejemplo, usar luces suaves o materiales con texturas agradables (Martin, & Smith 2022).

- Estructura: implementar rutinas claramente establecidas y herramientas visuales como agendas o secuencias pictográficas, ayuda significativamente a reducir la ansiedad en estos alumnos (Fletcher-Watson *et al.*, 2016).

- Intereses motivacionales: integrar los intereses personales del estudiante dentro de las actividades diarias incrementará su motivación y concentración en las tareas escolares (Grove *et al.*, 2018).

- Potenciación de las funciones ejecutivas: dividir las tareas en pasos delimitados y utilizar ayudas visuales para mejorar la organización y gestión de las responsabilidades escolares (Macdonald *et al.*, 2018).

- Desarrollo socioemocional: utilizar recursos como las historias sociales, el juego de roles y grupos de entrenamiento en habilidades sociales resultan especialmente efectivos para el desarrollo emocional y social de los estudiantes con TEA (Reichow, & Volkmar, 2010).

- Optimización del Diseño Universal para el Aprendizaje (DUA): es un modelo pedagógico que está en sintonía con la neuroeducación, ya que promueve diversas formas de participación, ofreciendo flexibilidad en las actividades para mantener alta la motivación, por ejemplo, permitiendo que los estudiantes elijan entre varias opciones (Segura Castillo, & Quirós Acuña, 2019, pp. 11-13).

Además, es conveniente para estos alumnos que se presente el contenido en formatos diversos, como vídeos, imágenes o textos adaptados, que resulten accesibles para todos los estudiantes. Asimismo, los docentes debemos facilitar que los alumnos expresen sus conocimientos mediante distintas vías, ya sea a través del lenguaje oral, escrito o mediante herramientas digitales, favoreciendo así una representación más fiel de sus competencias.

En este proceso de inclusión es muy importante el papel del docente y de toda la comunidad educativa. En primer lugar, es indispensable contar con una formación especializada que proporcione capacitación en temas relacionados con la neuroeducación y el uso de metodologías respaldadas por evidencia científica (Jolles, & Jolles 2021). Además, es necesario promover un trabajo de colaboración entre familias, terapeutas y educadores, con el objetivo de diseñar planes individualizados que respondan a las necesidades de cada estudiante. Finalmente, promover un entorno escolar donde se reconozcan y valoren las diferencias, a través de acciones que fortalezcan la empatía y la convivencia, resulta clave para construir una cultura educativa verdaderamente inclusiva y respetuosa de la diversidad (Vanegas *et al.*, 2016).

Sin embargo, todavía son muchos los desafíos actuales a los que nos enfrentamos los docentes. Según González de Rivera *et al.* (2022), la falta de recursos, la escasa formación específica y las actitudes sociales representan barreras significativas para lograr una inclusión educativa efectiva de estudiantes con TEA. Por este motivo, resulta imprescindible invertir tanto en materiales educativos específicos como en procesos de capacitación continua para el profesorado. Para Pellicano y den Houting (2022), la personalización educativa se vuelve una necesidad, dada la amplia diversidad presente dentro del espectro autista, lo que exige una adaptación flexible y ajustada a las características individuales de cada estudiante. Aunque hoy en día hay mucha concientización y sensibilización de la comunidad escolar, es fundamental continuar promoviendo una cultura que valore y respete de forma plena la neurodiversidad.

Entonces pensemos en la neuroeducación como un enfoque científico para convertir nuestras aulas en espacios inclusivos. Al centrarse en potenciar las fortalezas y en aprovechar la capacidad del cerebro, no solo se favorece a los estudiantes con TEA, sino que enriquece significativamente la experiencia educativa de todos los estudiantes. Desde esta visión, la inclusión educativa pasa de ser un objetivo idealizado a una práctica realista y respetuosa.

Relación de las funciones ejecutivas y el aprendizaje

Según Diamond (2013), las funciones ejecutivas son como una especie de brújula mental que nos ayudan a planificar, controlar nuestros impulsos y adaptarnos cuando algo no funciona como esperábamos. Son habilidades que usamos constantemente, aunque no siempre seamos conscientes de ello. De acuerdo con Miyake *et al.* (2000), el desarrollo de las funciones ejecutivas se apoya en tres habilidades fundamentales: el control inhibitorio, la memoria de trabajo y la flexibilidad cognitiva. Estas funciones básicas son la base sobre la que se construyen otras más complejas, como la planificación, la toma de decisiones o la capacidad de organizarse.

Tirapu *et al.* (2018) señalan que estos tres procesos centrales se desarrollan sobre todo entre los 0 y los 12 años, una etapa crucial para fortalecer estas capacidades. Precisamente, en este capítulo nos centramos en esa franja de edad, por lo que serán estas funciones las que vamos a abordar con más detalle:

El control inhibitorio puede definirse como la capacidad de frenar impulsos inmediatos y reacciones automáticas, favoreciendo así respuestas meditadas. Esta habilidad está íntimamente vinculada con la autorregulación emocional y con la capacidad de ignorar estímulos irrelevantes para enfocarse en aquellos que son pertinentes. Como señala Best y Miller (2010), el desarrollo de esta función ocurre de manera progresiva, lo cual explica por qué los niños más pequeños tienden a actuar impulsivamente. No obstante, se ha demostrado que la práctica temprana del autocontrol, por ejemplo, a través de juegos estructurados, tiene un impacto positivo en el desempeño académico y en las habilidades sociales.

La memoria de trabajo permite manejar información en el momento de conectar lo nuevo con lo que ya sabemos, lo que resulta esencial para relacionar conocimientos nuevos con los ya adquiridos y facilitar una comprensión más profunda. En el colegio, es imprescindible para recordar instrucciones complejas o participar activamente en actividades colectivas (Gathercole y Alloway, 2008).

Como señala Zelazo (2015), la flexibilidad cognitiva hace referencia a la habilidad de cambiar de estrategia o perspectiva ante nuevas demandas o dificultades. Esta capacidad fomenta la adaptación a situaciones cambiantes, estimula el pensamiento y mejora la resolución de problemas complejos. Un alumno con buena flexibilidad cognitiva puede modificar su enfoque ante un error, ajustarse a instrucciones nuevas sin frustrarse y generar soluciones alternativas. Esta habilidad puede ser estimulada mediante actividades como debates, problemas abiertos o dinámicas que exijan cambios de enfoque. Conocer cómo se desarrollan las funciones ejecutivas permite diseñar estrategias pedagógicas más efectivas, especialmente en contextos donde existen dificultades de aprendizaje o riesgo de bajo rendimiento escolar (Diamond, 2013).

En consonancia, Tirapu *et al.* (2018) indican que una intervención educativa bien fundamentada en el conocimiento neuropsicológico puede prevenir problemas académicos y sociales durante el periodo escolar.

Actividades prácticas para Educación Infantil (3-6 años)

En este apartado se aborda el fortalecimiento de las funciones ejecutivas descritas previamente, con ejemplos concretos de actividades orientadas al segundo ciclo de Educación Infantil. Dichas propuestas constituyen una base práctica que puede adaptarse con flexibilidad a las distintas etapas, atendiendo al nivel de desarrollo del alumnado. Este enfoque se apoya en estrategias estructuradas y lúdicas que han demostrado ser efectivas en contextos escolares (*Center on the Developing Child at Harvard University*, 2014).

Etapa	Control Inhibitorio	Memoria de Trabajo	Flexibilidad Cognitiva
Primero de Infantil 3 años)	1. **Estatuas mágicas del bosque:** los alumnos bailan libremente al sonido de música alegre. Cuando la música se detiene, deben congelarse inmediatamente adoptando la posición o expresión de un personaje mágico del bosque (hada, duende, elfo, árbol encantado) que el docente nombra en voz alta, controlando así su impulso de seguir moviéndose. 2. **Cuento mudito:** narramos un breve cuento mientras los alumnos deben permanecer en silencio total hasta que el docente les dé permiso para comentar la historia. 3. **Manos quietas:** se colocan objetos coloridos en el centro del aula. El docente indica qué objeto no se puede tocar, y los niños deben resistir la tentación de acercarse a ese objeto, eligiendo otro distinto indicado previamente por el docente.	1. **Maleta sorpresa:** mostramos muy rápido 3 juguetes, luego los escondemos dentro de una maleta, cubo o caja. Después, los alumnos deben recordar cuáles eran, describiéndolos o señalando imágenes. 2. **Camino del tesoro:** dibujamos un caminito con imágenes en el suelo que los niños/as deben recorrer siguiendo una secuencia sencilla, recordando cada objeto visto. 3. **Animales en fila:** mostramos brevemente tarjetas con imágenes de animales o bits. Los alumnos deben recordar y ordenar las tarjetas en la misma secuencia en que fueron mostradas.	1. **Transforma objetos:** presentamos un objeto cotidiano (por ejemplo, un lápiz) y los niños sugieren nuevas maneras de usarlo (una varita mágica, un remo, una antena). 2. **Juego de los colores mareados:** damos indicaciones a los alumnos sobre un objeto que cambia repentinamente de color o función y deben adaptarse rápidamente. 3. **Cambio de roles mágicos:** cada niño representa un personaje y deben intercambiar rápidamente sus roles con otro compañero.

Edad	Control Inhibitorio	Memoria de Trabajo	Flexibilidad Cognitiva
Segundo de Infantil (4 años)	1. **Aventuras del mago de las acciones:** el docente adopta el papel de un mago que lanza hechizos indicando acciones («saltar», «dormir», «bailar») de manera verbal acompañadas por gestos mágicos. Los alumnos deben reaccionar con rapidez haciendo exactamente lo contrario de lo indicado, desarrollando así su control inhibitorio. 2. **El juego de Nosi:** el docente realiza preguntas sencillas y divertidas, pero los alumnos no pueden responder con las palabras «sí» o «no». Deben inhibir esas respuestas habituales. 3. **Quietos en la tormenta:** el docente simula sonidos y movimientos de tormenta y, cuando para, los alumnos deben quedar absolutamente quietos sin reaccionar a sonidos o movimientos adicionales que intente provocará el docente.	1. **Carrusel de animales:** los alumnos deben repetir secuencias de sonidos o movimientos de animales (rana, gato, perro), aumentando gradualmente la cantidad de animales en la secuencia. 2. **Picnic imaginario:** cada alumno añade verbalmente un alimento diferente para llevar a un pícnic imaginario, recordando toda la lista en orden correcto. 3. **Construye el robot:** el docente muestra partes visuales del robot en orden secuencial; los alumnos deben recordar y colocar las piezas en el mismo orden presentado para crear un robot completo.	1. **Historias loquitas:** contamos cuentos o historias donde los roles de los personajes se invierten completamente (por ejemplo, el lobo cuida de los cerditos, o la princesa rescata al dragón). Los alumnos deben crear finales alternativos basados en estos nuevos roles, desarrollando así su capacidad de adaptación y flexibilidad. 2. **Cambios de estación:** imitamos actividades propias de cada estación al cambiar rápidamente la indicación. 3. **La caja cambiante:** cambiamos objetos dentro de una caja y adaptamos su uso rápidamente.

Edad	Control Inhibitorio	Memoria de Trabajo	Flexibilidad Cognitiva
Tercero de Infantil (5 años)	1. **Detectives quietos:** escondemos un objeto visible en el aula. Los alumnos deben resistir señalarlo inmediatamente, esperando hasta que se les indique explícitamente. 2. **Órdenes contrarias:** daremos órdenes simples y los alumnos deben ejecutar justo la acción contraria a la indicada. 3. **Burbuja invisible:** imaginamos que estamos dentro de una burbuja que no podemos romper. Deben resistir moverse o reaccionar ante estímulos externos inesperados que intenten distraerlos.	1. **La Caja misteriosa:** mostramos objetos en una caja unos pocos segundos, los alumnos deben recordar el orden exacto en que aparecieron. 2. **Cuenta atrás divertida:** mencionamos una secuencia numérica breve que los alumnos deben repetir en orden inverso. 3. **Historia cadeneta:** contamos una historia en la que cada niño/a debe recordar y añadir una nueva parte, repitiendo toda la secuencia anterior de eventos en el orden correcto.	1. **Camaleones divertidos:** cambiamos rápidamente de roles según accesorios colocados por el docente. 2. **Los cuentos locos:** adaptarse con diferentes cambios a personajes distintos o sucesos en historias. 3. **Aventura espacial:** los alumnos deben adaptarse a diferentes escenarios espaciales que el docente presenta de manera imprevista.

Elaboración propia.

Conclusión

A lo largo de este trabajo hemos visto cómo la neuroeducación y las funciones ejecutivas se convierten en piezas clave para lograr un aprendizaje más efectivo, más humano y también más inclusivo. Entender cómo funciona el cerebro no es algo exclusivo de los científicos, sino una herramienta muy útil para quienes enseñan en el aula cada día.

Conocer que el cerebro cambia, que aprende con las diferentes experiencias y además se nutre de emociones, motivación y retos, nos permitirá planificar actividades con las que nuestros alumnos realmente conecten. Especialmente en la etapa de Educación Infantil, cobra aún más sentido, puesto que es en los primeros años donde se forma la base del pensamiento, del lenguaje y del vínculo con el entorno.

Las funciones ejecutivas mencionadas no son habilidades abstractas. Son estrategias habituales en los niños/as, como cuando son capaces de esperar su turno, acordarse de lo que tienen que hacer o cambiar la estrategia si se equivocan. Lo mejor de todo es que se pueden entrenar y reforzar desde que son pequeños, como parte natural del día a día en el aula. Además, este enfoque nos ayuda a ver la inclusión de forma que cada alumno es único y necesita diferentes apoyos para aprender.

En conclusión, educar desde la neuroeducación no es una moda, es abogar por una docencia más consciente, empática y más ligada a lo que realmente requieren nuestros alumnos.

Bibliografía

Béjar, M. (2014). Neuroeducación. *Padres y Maestros / Journal of Parents and Teachers*, (355), 49-53. https://doi.org/10.14422/pym.v0i355.2622

Best, J. R., & Miller, P. H. (2010). A developmental perspective on executive function. *Child Development*, 81(6), 1641-1660. https://doi.org/10.1111/j.1467-8624.2010.01499.x

Cabanes-Flores, L., Colunga-Santos, S., & García-Ruiz, J. (2018). La relación funciones ejecutivas-actividad de aprendizaje escolar/Relationship executive functions-school learning activity. *Educación y Sociedad, 16*(3), 39-53. https://revistas.unica.cu/index.php/edusoc/article/view/1113

Center on the Developing Child at Harvard University (2014, May 6). *Enhancing and practicing executive function skills with children from infancy to adolescence.* https://developingchild.harvard.edu/resources/enhancing-and-practicing-executive-function-skills-with-children-from-infancy-to-adolescence/

Diamond, A. (2013). Executive functions. *Annual Review of Psychology, 64,* 135-168. https://doi.org/10.1146/annurev-psych-113011-143750

Doidge, N., & Rountree, R. (2016). Neuroplasticity and Healing: A Clinical Conversation with Norman Doidge, MD, and Robert Rountree, MD. *Alternative and Complementary Therapies, 22*(5), 196-204. https://doi.org/10.1089/act.2016.29077.ndo

Fletcher-Watson, S., McConnell, F., Manola, E., & McConachie, H. (2016). Interventions based on the Theory of Mind cognitive model for autism spectrum disorder (ASD). *Cochrane Database of Systematic Reviews, 2016*(11). https://doi.org/10.1002/14651858.CD008785.pub3

Frutos de Miguel, J. (2024). Las funciones ejecutivas y la salud mental en el contexto educativo. *Estudios sobre Educación.* https://doi.org/10.15581/004.49.005

Gathercole, S. E., & Alloway, T. P. (2008). *Working memory and learning: A practical guide for teachers.* SAGE Publications.

González de Rivera Romero, T., Fernández-Blázquez, M. L., Simón Rueda, C., & Echeita Sarrionandia, G. (2022). Educación inclusiva en el alumnado con TEA: Una revisión sistemática de la investigación. *Siglo Cero, 53*(1), 115-135. https://doi.org/10.14201/scero2022531115135

Grove, R., Hoekstra, R. A., Wierda, M., & Begeer, S. (2018). Special interests and subjective wellbeing in autistic adults. *Autism Research, 11*(5), 766-775. https://doi.org/10.1002/aur.1931

Hattie, J. (2008). *Visible Learning: A synthesis of over 800 meta-analyses relating to achievement (1st ed.).* Routledge. https://doi.org/10.4324/9780203887332

Jolles, J., & Jolles, D. (2021). On neuroeducation: Why and how to improve neuroscientific literacy in educational professionals. *Frontiers in Psychology, 12,* Article 752151. https://doi.org/10.3389/fpsyg.2021.752151

Kavanaugh, B. C., Tuncer, O. F., & Wexler, B. E. (2018). Measuring and improving executive functioning in the classroom. *Journal of Cognitive Enhancement, 2*(3), 271-283. https://doi.org/10.1007/s41465-018-0095-y

Kolb, B., & Gibb, R. (2011). Brain plasticity and behaviour in the developing brain. *Journal of the Canadian Academy of Child and Adolescent Psychiatry, 20*(4), 265-276. https://www.ncbi.nlm nih.gov/pmc/articles/PMC3222570/

Le Cunff, A.-L., Giampietro, V., & Dommett, E. (2024). Neurodiversity and cognitive load in online learning: A systematic review with narrative synthesis. *Educational Research Review, 43,* 100604. https://doi.org/10.1016/j.edurev.2024.100604

Lord, C., Elsabbagh, M., Baird, G., & Veenstra-Vanderweele, J. (2018). Autism spectrum disorder. *The Lancet, 392*(10146), 508-520. https://doi.org/10.1016/S0140-6736(18)31129-2

Macdonald, L., Trembath, D., Ashburner, J., & Costley, D. (2018). The use of visual schedules and work systems to increase the on-task behaviour of students on the autism spectrum in mainstream classrooms. *Journal of Research in Special Educational Needs, 18*(1), 3-14. https://doi.org/10.1111/1471-3802.12409

Martin, J. P., & Smith, L. A. (2022). Enhancing engagement in children with autism through controlled multisensory environments. *Journal of Autism and Developmental Disorders, 52*(4), 1234-1245. https://doi.org/10.1007/s10803-021-05000-0

Mayer, R. E. (2021). *Multimedia learning* (3rd ed.). Cambridge University Press. https://doi.org/10.1017/9781316941355

McGaugh, J. L. (2015). Consolidating memories. *Annual Review of Psychology, 66,* 1-24. https://doi.org/10.1146/annurev-psych-010814-015029

Meltzer, L. (2018). *Promoting executive function in the classroom.* Guilford Press.

Miller, E. K., & Cohen, J. D. (2001). An integrative theory of prefrontal cortex function. *Annual Review of Neuroscience, 24,* 167-202. https://doi.org/10.1146/annurev.neuro.24.1.167

Miyake, A., Friedman, N. P., Emerson, M. J., Witzki, A. H., & Howerter, A. (2000). The unity and diversity of executive functions and their contributions to complex "frontal lobe" tasks: A latent variable analysis. *Cognitive Psychology, 41*(1), 49-100. https://doi.org/10.1006/cogp.1999.0734

Mora Teruel, F. (2017). *Neuroeducación: Solo se puede aprender aquello que se ama* (2.ª ed.). Alianza Editorial.

Navaitienė, J., & Stasiūnaitienė, E. (2021). The goal of the Universal Design for Learning: Development of all to expert learners. In A. Galkienė, & O. Monkevičienė (Eds.), *Improving inclusive education through Universal Design for Learning* (Vol. 5, pp. 23-57). Springer. https://doi.org/10.1007/978-3-030-80658-3_2

Parrado Torres, H. G. (2024). Las funciones ejecutivas en el marco de la neuroeducación: Una revisión de los factores que han demostrado mayor impacto en las propuestas de intervención en los contextos escolares. *Journal of Neuroeducation, 5*(1), 69-84. https://doi.org/10.1344/joned.v5i1.45531

Pascual, A., Muñoz, N., & Robres, A. (2019). Relación entre funciones ejecutivas y rendimiento académico en educación primaria: revisión y metaanálisis. *Frontiers in Psychology,* 10, Article 1582. https://doi.org/10.3389/fpsyg.2019.01582

Pellicano, E., & den Houting, J. (2022). Annual research review: Shifting from "normal science" to neurodiversity in autism science. *Journal of Child Psychology and Psychiatry, 63*(4), 397-416. https://doi.org/10.1111/jcpp.13534

Phelps, E. A., & Davachi, L. (2015). Emotion and memory: Advances in the behavioral and brain sciences. *Current Opinion in Behavioral Sciences, 1,* 6-12. https://doi.org/10.1016/j.cobeha.2014.08.004

Reichow, B., & Volkmar, F. R. (2010). Social skills interventions for individuals with autism: Evaluation for evidence-based practices within a best evidence synthesis framework. *Journal of Autism and Developmental Disorders, 40*(2), 149-166. https://doi.org/10.1007/s10803-009-0842-0

Robles, D. J., & Ortiz Granja, D. N. (2024). Funciones ejecutivas en el aprendizaje de estudiantes universitarios. *Sophia, Colección de Filosofía de la Educación, (36),* 143-168. https://doi.org/10.17163/soph.n36.2024.04

Segura Castillo, M. A., & Quirós Acuña, M. (2019). Desde el Diseño Universal para el Aprendizaje: El estudiantado al aprender se evalúa y al evaluarle aprende. *Revista Educación, 43*(1), 1-23. https://doi.org/10.15517/revedu.v43i1.28449

Shams, L., & Seitz, A. R. (2008). Benefits of multisensory learning. *Trends in Cognitive Sciences, 12*(11), 411-417. https://doi.org/10.1016/j.tics.2008.07.006

Schultz W. (2016). Dopamine reward prediction error coding. *Dialogues in Clinical Neuroscience, 18*(1), 23-32. https://doi.org/10.31887/DCNS.2016.18.1/wschultz

Thümmler, R., Engel, E.-M., & Bartz, J. (2022). Strengthening emotional development and emotion regulation in childhood-As a key task in early childhood education. *International Journal of Environmental Research and Public Health, 19*(7), 3978. https://doi.org/10.3390/ijerph19073978

Tokuhama-Espinosa, T., & Nouri, A. (2020). Evaluating what mind, brain, and education has taught us about teaching and learning. *ACCESS: Contemporary Issues in Education, 40*(1), 63-71. https://doi.org/10.46786/ac20.1386

Tirapu, J., Bausela, E., & Cordero, P. (2018). Modelo de funciones ejecutivas basado en análisis factoriales en población infantil y escolar: metaanálisis. *Revista de Neurología, 67*(6), 215-225. https://www.neurologia.com/articulo/2017450

Tyng, C. M., Amin, H. U., Saad, M. N. M., & Malik, A. S. (2017). The influences of emotion on learning and memory. *Frontiers in Psychology, 8*, 1454. https://doi.org/10.3389/fpsyg.2017.01454

Vanegas, L. P., Vanegas, C., Ospina, O. H., & Restrepo, P. A. (2016). Entre la discapacidad y los estilos de aprendizaje: múltiples significados frente a la diversidad de capacidades. *Revista Latinoamericana de Estudios Educativos, 12*(1), 107-131. https://revistasojs.ucaldas.edu.co/index.php/latinoamericana/article/view/4040

Zatorre, R. J., Fields, R. D., & Johansen-Berg, H. (2012). Plasticity in gray and white: Neuroimaging changes in brain structure during learning. *Nature Neuroscience, 15*(4), 528-536. https://doi.org/10.1038/nn.3045

Zelazo, P. D. (2015). Executive function: Reflection, iterative reprocessing, complexity, and the developing brain. *Developmental Review, 38*, 55-68. https://doi.org/10.1016/j.dr.2015.07.001

Neuroeducación y factores cognitivo-motivacionales del autoconcepto: Implicaciones docentes para la inclusión del alumnado TEA

Sofía Torrecilla Manresa

El autoconcepto hace referencia a las percepciones que el estudiante tiene sobre sí mismo y es una de las variables más relevantes dentro de los nuevos modelos de enseñanza y aprendizaje. Actualmente, destaca su función en la regulación de las estrategias cognitivo-motivacionales del alumnado TEA implicadas en el aprendizaje, las cuales generan creencias de autoeficacia, utilidad y valor de la tarea. En este capítulo se aborda el papel que tiene la neurociencia en la educación para optimizar el proceso de enseñanza y su función en el diseño de estrategias docentes que promuevan los factores cognitivo-motivacionales en entornos inclusivos. Para implementar una propuesta efectiva en el aula hay que facilitar los avances teóricos y prácticos de la investigación al profesorado, y con ello, incorporar la innovación y la inclusión pedagógica en su enseñanza.

Autoconcepto y efecto en el aprendizaje

El cerebro del niño está en constante desarrollo y adaptación. La neuroeducación nos ayuda a entender cómo las experiencias de aprendizaje y las interacciones con los docentes, la familia y los compañeros influyen directamente en la construcción del autoconcepto. Todo ello puede tener un impacto significativo en como los estudiantes perciben sus capacidades y cómo se ven a sí mismos.

El autoconcepto se refiere al conjunto de percepciones, pensamientos, sentimientos y valoraciones que una persona tiene sobre sí misma. Es una construcción cognitiva y emocional que se forma lo largo del tiempo, pero la infancia y la niñez juegan un papel clave en su desarrollo (Gallardo, 2009).

La neuroeducación proporciona una perspectiva basada en cómo el cerebro procesa la información relacionada con la identidad y el desarrollo del autoconcepto. Es decir, la neuroeducación sienta las bases del estudio de la autopercepción del niño en términos de habilidades, capacidades y valores. Estos elementos son fundamentales para el bienestar emocional y el éxito en el aprendizaje del estudiante en entornos inclusivo.

En este capítulo, se destaca la importancia de implementar estrategias que fortalezcan el autoconcepto de todo el alumnado, haciendo hincapié en los estudiantes con Trastorno del Espectro Autista (TEA). En general, el desarrollo de los procesos cognitivos que influyen en el aprendizaje mejora cuando se sienten competentes, es decir, cuando confían en sus propias habilidades y mantienen altas expectativas de autoeficacia (Lind, 2010).

El autoconcepto se construye a través de la interacción con el entorno

El autoconcepto va evolucionando desde una regulación ejercida externamente hasta un proceso de autorregulación que le permite al niño adquirir un sentido de confianza en sí mismo, de autocontrol sobre la vida y sentimientos propios que le preparan para la toma de decisiones y solución de problemas. De esta forma, el desarrollo del autoconcepto depende de las experiencias percibidas como positivas o negativas y de factores biológicos, psicológicos y socioculturales. Es decir, se ve influido por variables de tipo social, madurativo y de personalidad.

Por lo tanto, en el caso del alumnado TEA, se acentúa el papel que cumple el entorno social en la formación del autoconcepto y destaca el papel de la familia y la escuela en el desarrollo emocional y socio-afectivo del niño.

El autoconcepto no solo se forma a través de la razón, sino también a través de las emociones. El cerebro emocional (la amígdala) está estrechamiento vinculado a la forma en que los alumnos interpretan y reaccionan ante sus éxitos o fracasos. Las experiencias de fracaso o rechazo pueden afectar negativamente la percepción que el niño tiene de sí mismo, mientras que las experiencias de éxito y aprobación pueden reforzar una imagen positiva.

En el ámbito educativo, el autoconcepto se refiere a la manera en la que un estudiante se percibe con relación a su capacidad para aprender y tener éxito en las tareas académicas. Un autoconcepto positivo se vincula con una mayor motivación, autoconfianza y una mayor disposición para afrontar desafíos. Mientras que un autoconcepto negativo puede generar desmotivación, ansiedad y evitación de tareas complejas (González-Pienda *et al.*, 2000).

Si entendemos el autoconcepto como el conjunto de percepciones y creencias que una persona tiene sobre sí misma en distintas áreas, podemos afirmar que la mayoría de los factores y variables intraindividuales que guían y orientan la motivación se basan en las percepciones y creencias que el niño tiene sobre sus habilidades cognitivas.

Es por ello por lo que el autoconcepto y los factores cognitivos están interconectados en el proceso de aprendizaje, ya que ambos afectan a la manera en que un estudiante se percibe como aprendiz y cómo procesa, interpreta y aplica la información.

Influencia de la motivación y la autorregulación

El autoconcepto está relacionado con la motivación y la capacidad de autorregulación de los alumnos. Si un estudiante tiene un autoconcepto positivo (cree que es capaz de aprender y superar dificultades) es más probable que se motive y regule su comportamiento para alcanzar metas académicas y personales. Por el contrario, un autoconcepto negativo puede llevar a la desmotivación y el abandono de los esfuerzos.

La neuroeducación proporciona herramientas y estrategias para aumentar la motivación intrínseca de los estudiantes. Esta perspectiva, que enfatiza que las habilidades pueden mejorar a través del esfuerzo, es esencial para mantener un autoconcepto saludable y fomentar el aprendizaje continuo.

La autorregulación es una habilidad clave para el aprendizaje. Los niños la desarrollan en aspectos como la capacidad de controlar emociones, gestionar comportamientos y persistir ante obstáculos. La autorregulación, en el caso del alumnado TEA, es objetivo prioritario.

La corteza prefrontal es la parte del cerebro responsable de funciones como la planificación, el control de impulsos y la toma de decisiones. Un niño con un desarrollo adecuado de esta área cerebral puede enfrentar los desafíos del aprendizaje con mayor resiliencia y sin perder la confianza en sí mismo, lo cual refuerza el autoconcepto.

Las emociones están profundamente ligadas a la motivación. El cerebro emocional y el cerebro cognitivo trabajan juntos para regular las respuestas motivacionales del alumno frente al aprendizaje. La neuroeducación incide en la importancia de generar entornos de aprendizaje positivos que fomenten la curiosidad y la exploración.

En los procesos de autorregulación del aprendizaje intervienen estrategias cognitivas y motivacionales fruto de las cuales los estudiantes generan creencias de autoeficacia, utilidad y valor de la tarea. Teorías cognitivas y constructivistas en psicología y educación ponen énfasis en los procesos de adquisición del conocimiento para optimizar los aprendizajes. Igualmente, destacan la relevancia de la autorregulación, la función mediadora docente y los procesos de interacción que ambos emplean en el aula.

La regulación emocional resulta esencial en la motivación hacia el aprendizaje, la autoestima y el éxito académico. El aprendizaje autorregulado se ha convertido en objeto de análisis y debate, considerándolo un constructo esencial en los procesos de aprendizaje dada su influencia directa con el rendimiento escolar. Numerosos autores destacan la importancia de variables motivacionales sobre la autorregulación del aprendizaje, consolidándose como puntos clave del éxito escolar (Kim, 2005).

La autorregulación favorece el control de las emociones y permite resolver situaciones en el aprendizaje. Los estudiantes poseen conciencia y regulación emocional que les permite aproximarse al logro de la meta, sin desviarse hacia estímulos distractores. Igualmente, son estrategias reguladoras del esfuerzo y la motivación. Sin embargo, algunos estudios evidencian que las estrategias de autorregulación, autoeficacia académica y motivación para el trabajo escolar disminuyen con la edad, especialmente en la etapa de secundaria.

Con frecuencia se atribuye a las variables motivacionales y emocionales la explicación de por qué algunos alumnos fracasan al resolver problemas aun teniendo buenas capacidades cognitivas. Y, sin embargo, hay otros estudiantes que, con más constancia y perseverancia, mantiene interés afrontando las dificultades que suponen para ellos este tipo de actividades.

Por lo tanto, son tres las variables personales que determinan el aprendizaje escolar: *poder* (inteligencia y aptitudes), *querer* (la motivación) y *modo de ser* (personalidad). Los modelos puramente motivacionales aportan información sobre el *porqué* del trabajo de los estudiantes, de su actividad y esfuerzo en las tareas escolares. Los modelos cognitivos intentan describir el *cómo* los estudiantes llegan a comprender y dominar estas tareas mediante la utilización de diversas fuentes como son los conocimientos previos y las destrezas (Núñez *et al.*, 1998).

Autoconcepto en niños TEA

En los niños con Trastorno del Espectro Autista (TEA), el desarrollo del autoconcepto puede ser un proceso más complejo debido a las características particulares del trastorno (Huang *et al.*, 2017). Estas dificultades se refieren al desarrollo de la comunicación social, la comprensión de las emociones propias y ajenas, las interacciones con los demás y la flexibilidad cognitiva. A continuación, se analizan algunos aspectos clave en el desarrollo del autoconcepto de los alumnos con TEA:

1. *Autorreferencia:* los alumnos con TEA a menudo tienen dificultades para reconocer y comprender sus emociones, lo que puede afectar la forma en que se ven a sí mismos. Esto puede hacer que el autoconcepto sea más difuso o impreciso. Es decir, pueden tener problemas para identificar sus propios sentimientos, intereses y habilidades.

2. *Teoría de la mente:* la teoría de la mente es la capacidad para entender que los demás tienen pensamientos, emociones y perspectivas diferentes a los propios. Los estudiantes con TEA suelen tener dificultades con esta habilidad, lo que afecta su capacidad para comprender estos aspectos y desarrollar un buen autoconcepto.

3. *Autoconcepto social:* las interacciones sociales son clave para el desarrollo del autoconcepto. Los niños con TEA a menudo enfrentan dificultades para formar relaciones, interpretar señales sociales o participar en juegos cooperativos. Estas experiencias limitadas o problemáticas pueden influir en su percepción de sí mismos en un contexto social. Es posible que no se sientan comprendidos o aceptados, lo que podría llevar a una autoimagen negativa o a la falta de confianza.

¿Cómo podemos mejorar este punto de partida? A continuación, se describen puntos clave para reforzar el aprendizaje de los aspectos (Nguyen *et al.*, 2020):

a. *Refuerzo positivo de los logros:* a pesar de las dificultades sociales y comunicativas, los estudiantes con TEA pueden desarrollar un fuerte sentido de sí mismos en áreas donde tienen éxito o interés particular. Por ejemplo, pueden tener una gran destreza en áreas como matemáticas, música o arte, lo que les ayuda a construir una identidad positiva basada en sus fortalezas.

b. *Intervención temprana y apoyo familiar:* el desarrollo del autoconcepto puede mejorar por la intervención temprana, que incluye terapias que promuevan la comunicación, las habilidades sociales y el manejo emocional. El apoyo familiar también juega un papel crucial. Los padres y cuidadores que comprenden el TEA y sus particularidades pueden ayudar a los niños a explorar y entender sus propios intereses y capacidades, promoviendo una imagen positiva de sí mismos.

c. *Autonomía y la autoestima:* los programas de intervención que se centran en la autonomía, la toma de decisiones y el aprendizaje social pueden ayudar al alumnado con TEA a desarrollar una visión más completa y positiva de ellos mismos. Fomentar habilidades de autogestión, así como la oportunidad de participar en actividades donde el niño se sienta competente, contribuye al fortalecimiento de su autoconcepto.

d. *Modelos de comportamiento y refuerzo social:* la forma en que los niños con TEA interpretan las reacciones de los demás tiene un impacto significativo en su autoconcepto. El refuerzo positivo como elogios y reconocimiento de logros puede ser esencial para que estos niños construyan una imagen de sí mismos más saludable y positiva.

Factores cognitivos-motivacionales y aprendizaje

El aprendizaje es un proceso complejo que involucra una serie de factores cognitivos y motivacionales que trabajan de manera conjunta para facilitar la adquisición, retención y aplicación de conocimiento. Los elementos cognitivos están relacionados con los procesos mentales involucrados en el manejo de la información, mientras que los elementos motivacionales son los que determinan el esfuerzo, la persistencia y la actitud hacia el aprendizaje (Marszalek *et al.*, 2022).

La neuroeducación ofrece una perspectiva fascinante sobre cómo se desarrolla el autoconcepto. Destaca la **plasticidad** del cerebro al ser la mediadora en la capacidad del cerebro para reorganizarse y adaptarse a nuevas experiencias. Todo ello implica que el cerebro es capaz de mejorar sus capacidades cognitivas a través de la estimulación adecuada y la práctica constante (Márquez, 2019).

El conocimiento de los avances en neurociencia aplicados a la educación permite redirigir las estrategias metodológicas de enseñanza y reconocer las capacidades innatas del cerebro humano, el cual, influenciado por el contexto, se adapta a él y también lo modifica.

La sociedad actual necesita que los problemas educativos se aborden desde un enfoque sistémico, incorporando contribuciones de diversas ciencias y disciplinas. Por lo tanto, es esencial considerar lo que la neurociencia nos enseña sobre cómo el cerebro procesa y almacena la información, con el fin de identificar métodos más efectivos para lograr una enseñanza de calidad.

El educador debe entender qué estrategias didácticas son más apropiadas para el nivel cognitivo del estudiante, quien también debe recuperar los conocimientos previos que le permitirán identificar lo que ya sabe y, a partir de ahí, definir el nivel de profundidad con el que se abordará el nuevo contenido. Este proceso permitirá elegir las tareas de aprendizaje según el potencial del cerebro en cada etapa educativa (Ma *et al.*, 2021).

Actividad cerebral emocional y cognitiva

La neurociencia ha demostrado que la **dopamina**, un neurotransmisor relacionado con la recompensa, influye en la motivación y la capacidad de aprendizaje. No obstante, el aprendizaje no es siempre un proceso lineal e implica en ciertos momentos frustración y dificultades.

- **Dopamina y emociones positivas:** cuando el alumno tiene éxito en la tarea y recibe *feedback* positivo, el cerebro libera dopamina, el neurotransmisor asociado con la recompensa. Esta liberación refuerza la memoria de esa experiencia y una imagen positiva del niño que fortalece una mayor confianza en las propias habilidades.
- **Amígdala y emociones negativas:** si un estudiante experimenta frustración o rechazo, la amígdala, que es la parte del cerebro asociada con las emociones intensas, se activa. Si no se maneja adecuadamente, se forma una imagen negativa de sí mismo, lo que afecta a la motivación e interés de seguir aprendiendo.

La forma en la que los docentes brindan *feedback* del aprendizaje es clave para el desarrollo del autoconcepto. La retroalimentación centrada en el reconocimiento del esfuerzo y las vías de mejora refuerza un autoconcepto positivo del alumno. Este proceso es crucial para fomentar la mentalidad de crecimiento, y la creencia de que las habilidades se pueden desarrollar con esfuerzo y práctica. Por lo tanto, el *feedback* docente activa áreas del cerebro asociadas con la motivación intrínseca del alumno (Ma *et al.*, 2022).

El aprendizaje para el cerebro se traduce en la capacidad neurológica del ser humano para procesar y responder a diferentes estímulos sensoriales o multimodales, tanto a niveles básicos como complejos. Algunos datos clave del aprendizaje:

- *Alegre:* las emociones son parte integral de las redes neurológicas responsables del aprendizaje.
- *Significativo:* las conexiones entre estímulos familiares y desconocidos guían al cerebro para que el aprendizaje resulte más eficaz.
- *Iterativo:* la iteración con la práctica involucra las redes relacionadas con la toma de perspectivas alternativas, con el pensamiento flexible y con la creatividad.

- *Social:* las interacciones positivas con el entorno ayudan a construir los cimientos neuronales para el desarrollo de una regulación socioemocional y a protegerse de barreras que influyen en el aprendizaje.

Las oportunidades para el aprendizaje contextual, la transferencia y la motivación pueden incidir el desarrollo de un aprendizaje más significativo. Existe evidencia que sugiere que las respuestas químicas en el cerebro relacionadas con experiencias alegres influyen en su plasticidad neuronal. Es decir, las experiencias alegres que elevan los niveles de dopamina hacen que mejore la habilidad de adaptarse al entorno y aprender de nuevas situaciones académicas y sociales (Núñez *et al.*, 1995).

La motivación y los factores cognitivos

La motivación tiene un impacto significativo en la memoria y la atención. Asimismo, influye en la manera en que procesamos, almacenamos y recordamos la información. A continuación, se detalla cómo:

1. *Atención:* la motivación nos permite dirigir nuestra atención hacia aquello que nos resulta interesante o significativo. Cuando estamos motivados, ya sea por un incentivo, un interés personal o un objetivo claro, nuestra habilidad para concentrarnos en lo que estamos haciendo se incrementa. La motivación nos ayuda a dar prioridad a la información importante y a evitar las distracciones, lo que mejora nuestra capacidad de atención.

2. *Memoria:* la motivación mejora la memoria, ya que, cuando estamos impulsados a aprender o recordar algo, nos enfocarnos más en los detalles relevantes, lo que favorece el almacenamiento de la información en la memoria a largo plazo. Además, los recuerdos vinculados a experiencias motivadoras (como logros, recompensas o emociones positivas) son más fáciles de

evocar, ya que el cerebro les asigna un mayor valor y fortalece el proceso de consolidación de esos recuerdos.

3. *Emoción y recompensa:* la motivación está conectada con las emociones. Cuando sentimos emociones positivas, como satisfacción, orgullo o entusiasmo, como resultado de un logro o progreso, se activan varias áreas del cerebro relacionadas con la recompensa, como el sistema dopaminérgico. Esta activación no solo facilita recordar la experiencia, sino que también intensifica nuestra atención en las tareas asociadas, generando un ciclo positivo en el que la motivación y el aprendizaje se refuerzan mutuamente.

Por lo tanto, **la autoeficacia** (factor motivacional) puede potenciar la memoria y el procesamiento de la información (factores cognitivos), mientras que el valor percibido de una tarea influye en la atención y el esfuerzo dedicados al aprendizaje.

Los estudiantes con un autoconcepto positivo suelen ser más conscientes de sus propios procesos de pensamiento, lo que les permite tomar decisiones más acertadas sobre cómo enfrentar las tareas y gestionar su aprendizaje. Es decir, nos referimos con todo ello a la capacidad de planificar, supervisar y evaluar su propio progreso, lo cual es un factor fundamental en el proceso de aprendizaje (McInerney *et al.*, 2012).

Neuroeducación y estrategias adaptativas

Hoy en día, la inclusión se ha convertido en una prioridad en el ámbito educativo. No solo abarca el acceso a la educación, sino también incide en mejorar la calidad de la enseñanza que recibe todo el alumnado y buscar el éxito académico y profesional en cada uno de ellos. En la actualidad, se busca redefinir el rol de la educación con el objetivo de avanzar hacia una inclusión real y una mejora continua en la formación de todos los estudiantes en función de sus características y necesidades.

Para lograr el objetivo, la neurociencia juega un papel fundamental en el diseño, implementación y evaluación de nuevos modelos pedagógicos. La transformación e innovación en educación se divide en tres procesos: diseño, implementación y consolidación. Y uno de los avances más significativos en el ámbito de la educación y la ciencia es el consolidar redes de colaboración entre las escuelas y las universidades utilizando la neuroeducación como herramienta de trabajo.

La neuroeducación ofrece una perspectiva fascinante sobre cómo se desarrolla el autoconcepto de los niños en el contexto del aprendizaje, combinando conocimientos sobre el funcionamiento del cerebro con estrategias pedagógicas basadas en la neurociencia. Este enfoque nos ayuda a entender que el autoconcepto está influido por la interacción entre factores cognitivos, emocionales y sociales.

Las interacciones con pares en entornos inclusivos pueden ayudar a los niños a desarrollar habilidades tales como la adquisición del lenguaje, la cooperación y el aprendizaje. Las interacciones sociales también pueden proporcionar el contexto para practicar habilidades de autorregulación tales como el control de inhibición, toma de decisiones, adaptabilidad y detección y autoconocimiento de estados mentales.

Desarrollo del autoconcepto a través de la educación inclusiva

El cerebro está influenciado por las relaciones sociales. Las interacciones con otros niños, docentes y adultos cercanos contribuyen a cómo los alumnos se ven a sí mismos. La neuroeducación permite entender cómo las relaciones sociales afectan a la formación del autoconcepto y la forma de desarrollar interacciones positivas e inclusivas en el aula.

El desarrollo de habilidades sociales, la empatía y la cooperación son áreas clave que la neuroeducación destaca para fortalecer el autoconcepto. Las experiencias de colaboración apoyo mutuo y relaciones positivas son esenciales para que los niños se vean a sí mismo como competentes y valiosos.

La **educación adaptativa** es un enfoque de enseñanza que ajusta los métodos, contenidos y estrategias de aprendizaje según las necesidades y habilidades de los estudiantes. Los principales beneficios son: una mejora del rendimiento y una mayor motivación en el aprendizaje (García, 1997).

Este enfoque de enseñanza pone de manifiesto que los problemas de rendimiento se deben al desajuste entre los procedimientos educativos utilizados y las características de los estudiantes. Se trata de un enfoque inclusivo que plantea qué medidas puede articular el sistema educativo para responder a la diversidad del alumnado en términos sociales, biológicos, intelectuales, culturales, afectivos . . .

La educación adaptativa responde a las diferencias individuales de los estudiantes. Su objetivo es adaptar los métodos, contenidos y estrategias de enseñanza para ofrecer una educación inclusiva que permita a cada alumno alcanzar el máximo potencial. Por ello, busca flexibilizar el currículo y las prácticas pedagógicas para atender las diversas dimensiones cognitivas y motivacionales de los estudiantes (Núñez del Río *et al.*, 2014).

La neuroeducación aplicada a los alumnos con TEA permite un enfoque más adaptado a sus necesidades individuales, basándose en un conocimiento profundo de cómo aprende el cerebro. Las estrategias y adaptaciones que promueve la neuroeducación y la educación adaptativa son fundamentales para optimizar su proceso de aprendizaje, ya que ayudan a desarrollar sus habilidades cognitivas, sociales y emocionales de la manera más efectiva posible. Por lo tanto, a través de un entorno educativo inclusivo es posible mejorar su rendimiento y bienestar en el aula.

Neuroeducación y alumnado TEA

La neuroeducación es una disciplina que busca integrar los conocimientos sobre el funcionamiento del cerebro con las prácticas educativas. La neuroeducación se enfoca en adaptar los métodos y enfoques de enseñanza de acuerdo con las características cerebrales y cognitivas de estos estudiantes, con el objetivo de optimizar su aprendizaje.

El desarrollo del autoconcepto en niños con TEA es un proceso complejo que está influenciado por varios factores cognitivos, emocionales y sociales. Con el apoyo adecuado y un enfoque individualizado, pueden desarrollar un autoconcepto saludable y positivo, reconociendo sus fortalezas y aprendiendo a lidiar con sus desafíos. El objetivo es fomentar una imagen de sí mismos que les permita sentirse competentes, valiosos y motivados con su aprendizaje (Sabeh, 2002).

Principios de la neuroeducación aplicados a los alumnos con TEA

Al aplicar los principios de la neuroeducación en el aula, es fundamental tener en cuenta varios enfoques que se alineen con las características cognitivas y emocionales de los niños con TEA:

- *Enseñanza visual:* la información visual (como pictogramas, gráficos, y horarios visuales) es fundamental para estudiantes con TEA, ya que muchos tienen una mejor comprensión y retención de la información visual que de la verbal. El uso de ayudas visuales puede facilitar la organización, la comunicación y la comprensión de las tareas.
- *Refuerzo positivo y recompensas:* la motivación en los niños con TEA puede ser más eficaz a través de un sistema de recompensas claro y consistente. El refuerzo positivo, que destaca los logros y conductas deseadas, puede contribuir a mantener la atención y el interés de los estudiantes, y a fortalecer su sentido de competencia.
- *Estructura y rutinas:* la neuroeducación también resalta la importancia de la estructura y la previsibilidad en el aula. Estos estudiantes suelen sentirse más cómodos y motivados cuando tienen

una rutina diaria clara y un entorno organizado. Esto ayuda a reducir la ansiedad y mejora su capacidad para aprender.

Adaptaciones y estrategias para optimizar el aprendizaje

- *Intervenciones personalizadas:* dado que el TEA es un trastorno con un amplio espectro de manifestaciones, la neuroeducación enfatiza la importancia de una atención individualizada. Esto significa que cada alumno puede requerir un enfoque diferente, con adaptaciones personalizadas según sus fortalezas y debilidades.

Desarrollo de habilidades sociales y emocionales

- *Entrenamiento en habilidades sociales:* muchos niños con TEA tienen dificultades en la interacción social. La neuroeducación enfatiza la importancia de enseñar habilidades sociales explícitas (como el uso de gestos, contacto visual y conversación) a través de juegos de rol, videos o simulaciones. Esto les permite comprender las dinámicas sociales y mejorar sus interacciones con compañeros y maestros.
- *Regulación emocional:* la neuroeducación también se enfoca en el desarrollo de habilidades para la autorregulación emocional, ya que pueden tener dificultades para identificar y gestionar sus emociones. El uso de técnicas como la respiración profunda, el uso de «kits emocionales» o actividades que ayuden a calmar la ansiedad son estrategias clave.

Evaluación y retroalimentación

- *Evaluación continua:* es esencial realizar una evaluación continua del progreso tomando en cuenta sus particularidades cognitivas. Las evaluaciones deben ser lo suficientemente flexibles para adaptarse a sus necesidades y no limitarse a pruebas tradicionales que podrían no reflejar su verdadero potencial.

En definitiva, los niños con Trastorno del Espectro Autista (TEA) enfrentan desafíos únicos en el proceso de aprendizaje, especialmente cuando se consideran los factores cognitivo-motivacionales. Estos factores tienen un impacto significativo en su forma de aprender, interactuar y desarrollarse.

El estudio y la combinación en educación de intervenciones que tengan en cuenta los factores cognitivos y motivacionales va a permitir consolidar una enseñanza más holística. La neuroeducación no solo se enfoca en cómo mejorar el rendimiento cognitivo de los estudiantes, sino también en cómo mantener su motivación y bienestar emocional en contextos inclusivos. De esta forma, se fomenta un autoconcepto más positivo en los niños TEA y se crea un entorno de aprendizaje más efectivo donde los estudiantes no solo aprenden mejor, sino que también están más motivados y comprometidos en el proceso educativo.

Referencias

Gallardo, A. J. (2009). Autoconcepto y aprendizaje. *Revista Digital Innovación y Experiencias Educativas*, 9, 1-9.

García, M. G. (1997). Educación adaptativa. *Revista De Investigación Educativa*, 15(2), 247-271.

González-Pienda, J. A., Núñez-Pérez, J. C., González-Pumariega, S., Álvarez, L., Roces, C., García, M., González, M. P., González, R., & Valle, A. (2000). Autoconcepto, proceso de atribución causal y metas académicas en niños con y sin dificultades de aprendizaje. *Psicothema*, 12 (4).

Huang, A. X., Hughes, T. L., Sutton, L. R., Lawrence, M., Chen, X., Ji, Z., & Zeleke, W. (2017). Understanding the self in individuals with autism spectrum disorders (ASD): A review of literature. *Frontiers in Psychology*, 8: 1422.

Kim, J. S. (2005). The effects of a constructivist teaching approach on student academic achievement, self-concept, and learning strategies. *Asia Pacific Education Review*, 6, 7-19.

Lind, S. E. (2010). Memory and the self in autism: A review and theoretical framework. *Autism*, 14(5), 430-456.

Ma, L., Luo, H., & Xiao, L. (2021). Perceived teacher support, self-concept, enjoyment and achievement in reading: A multilevel mediation model based on PISA 2018. *Learning and Individual Differences*, 85: 101947.

Ma, L., Xiao, L., & Hau, K. (2022). Teacher feedback, disciplinary climate, student self-concept, and reading achievement: A multilevel moderated mediation model. *Learning and Instruction*, 79, 1-12.

Márquez, M. D. (2019). Neuroeducación elemento para potenciar el aprendizaje en las aulas del siglo XXI. *Educación Y Ciencia*, 8(52), 66-76.

Marszalek, J. M., Balagna, D., Kim, A. K., & Patel, S. A. (2022). Self-concept and intrinsic motivation in foreign language learning: The connection between flow and the L2 self. *Paper presented at the Frontiers in Education*, 7: 975163.

McInerney, D. M., Cheng, R. W., Mok, M. M. C., & Lam, A. K. H. (2012). Academic self-concept and learning strategies: Direction of effect on student academic achievement. *Journal of Advanced Academics*, 23(3), 249-269.

Nguyen, W., Ownsworth, T., Nicol, C., & Zimmerman, D. (2020). How I see and feel about myself: Domain-specific self-concept and self-esteem in autistic adults. *Frontiers in Psychology*, 11, 913.

Núñez del Río, M. C., Biencinto, C., Carpintero, E., & García, M. (2014). Enfoques de atención a la diversidad, estrategias de aprendizaje y motivación en educación secundaria. *Perfiles Educativos*, 36(145), 65-80.

Núñez, J. C., González-Pienda, J. A., García, M. S., González-Pumariega, S., & García, S. I. (1998). Estrategias de aprendizaje en estudiantes de 10 a 14 años y su relación con los procesos de atribución causal, el autoconcepto y las metas de estudio. *Estudios De Psicología*, 19(59), 65-85.

Núñez, J. C., González-Pumariega, S., & Pienda. J. A. (1995). Autoconcepto en niños con y sin dificultades de aprendizaje. *Psicothema*, 7(3), 587-604.

Sabeh, E. N. (2002). El autoconcepto en niños con necesidades educativas especiales. *Revista Española De Pedagogía*, 559-572.

Capítulo 9

Estrategias para una intervención inclusiva con alumnado TEA

María Isabel Marí Sanmillán

Introducción

En las últimas décadas, el Trastorno del Espectro Autista (TEA) ha pasado de ser una condición poco comprendida a convertirse en uno de los temas más investigados dentro del campo del neurodesarrollo. El aumento en los diagnósticos, junto con una mayor visibilidad social y científica, ha impulsado la necesidad de marcos más amplios e inclusivos que superen las limitaciones del enfoque biomédico tradicional (Lai, & Baron-Cohen, 2023; Kapp *et al.*, 2019). En este escenario, se ha puesto en valor el rol del juego como herramienta natural de desarrollo en la infancia y ha emergido la neuroeducación como un enfoque integrador que busca articular los conocimientos sobre el cerebro con las prácticas pedagógicas actuales (Immordino-Yang *et al.*, 2019; Tokuhama-Espinosa, 2021).

El TEA se manifiesta como una condición altamente heterogénea que afecta la forma en que las personas se comunican, se vinculan, procesan la información sensorial y experimentan el entorno. Esta variabilidad desafía los modelos estandarizados de enseñanza y nos invita a repensar cómo acompañamos a estos alumnos en su aprendizaje desde una perspectiva que reconozca y valore la diversidad neurológica. En este marco, el juego deja de ser un simple pasatiempo para presentarse como un lenguaje a través del cual los niños exploran, comprenden el mundo y establecen vínculos significativos (Vygotsky, 1978; Wolfberg, 2020; Davis, & Crompton, 2021).

Los niños y niñas con TEA, en particular, suelen mostrar formas de juego distintas a las que esperan los adultos o sus pares neurotípicos. Pueden preferir actividades repetitivas, usar objetos de manera no convencional o enfocarse intensamente en intereses específicos. Estas formas de jugar no deben entenderse como síntomas a corregir, sino como expresiones válidas de exploración, sentido y comunicación. Desde esta mirada, el adulto no interviene para modificar el juego, sino para entrar en él, validarlo y enriquecerlo como una vía de conexión y desarrollo (Baron-Cohen, 2017; Wood *et al.*, 2022).

Paralelamente, la neuroeducación ha cobrado relevancia como un enfoque que busca comprender cómo aprende el cerebro y cómo aplicar ese conocimiento en contextos educativos diversos. Este campo reconoce que el aprendizaje no es solo cognitivo, sino también emocional, social y biológico (Immordino-Yang *et al.*, 2019; Tokuhama-Espinosa, 2021). Elementos como la seguridad emocional, la motivación intrínseca y la plasticidad cerebral son esenciales en la construcción del conocimiento, especialmente en la infancia. Desde esta perspectiva, el juego adquiere un papel central en la educación, ya que activa redes neuronales vinculadas a la curiosidad, la regulación emocional y la empatía (Bueno, 2021; Davis, & Crompton, 2021).

Este capítulo tiene como propósito explorar la convergencia entre el TEA, el juego y la neuroeducación, proponiendo una reflexión interdisciplinar que integre teoría, evidencia y práctica. Se abordará, en primer lugar, una caracterización actualizada del Trastorno del Espectro Autista, luego se abordará el papel del juego como motor del desarrollo infantil y, posteriormente, se revisarán los aportes de la neuroeducación aplicados a contextos inclusivos. A partir de esta base, se presentarán estrategias concretas para fomentar experiencias de juego en niños con TEA, reconociendo su potencial como vía de aprendizaje y conexión emocional.

Más que ofrecer respuestas cerradas, el propósito de este trabajo es abrir preguntas, aportar marcos de comprensión y fomentar prácticas pedagógicas en la singularidad de cada niño. Comprender el autismo a través del juego y la neuroeducación puede no solo enriquecer las intervenciones educativas, sino también abrir nuevas formas de relacionarse, transformar gradualmente las prácticas educativas y contribuir a una sociedad más empática e inclusiva.

Comprendiendo el Trastorno del Espectro Autista (TEA)

El Trastorno del Espectro Autista (TEA) es una condición del neurodesarrollo que afecta a la forma en que las personas perciben e interactúan con el mundo. Se caracteriza principalmente por diferencias en la comunicación social, en la reciprocidad emocional y en la presencia de patrones de comportamiento repetitivos, intereses restringidos y respuestas inusuales a estímulos sensoriales (*American Psychiatric Association*, 2013; Lai, & Szatmari, 2020). A diferencia de otras condiciones del desarrollo, el autismo no tiene una manifestación única o lineal, sino que se presenta como un espectro de características que varían significativamente entre personas. Esta variabilidad ha sido reconocida por la comunidad científica, motivando un cambio conceptual importante que desplaza el foco del «déficit» hacia el de «diversidad neurológica».

En este sentido, Lord *et al.* (2020) proponen comprender el autismo como una condición dimensional, caracterizada por una amplia variabilidad en la forma en que se manifiestan las habilidades comunicativas, cognitivas, conductuales y sensoriales. Esta diversidad de perfiles implica la necesidad de enfoques individualizados, que se adapten a las particularidades de cada persona y respeten su modo singular de ser.

Desde el enfoque clínico, se reconocen dos grandes áreas que definen el perfil diagnóstico del autismo: las dificultades persistentes en la interacción y la comunicación social, y la presencia de patrones de conducta repetitivos, intereses intensamente focalizados o respuestas sensoriales atípicas. Estas dimensiones, ampliamente documentadas en la literatura especializada, sirven como guía para identificar la condición, pero no siempre alcanzan a reflejar la riqueza y complejidad de las vivencias de las personas autistas. Muchos de ellos describen que su principal dificultad no radica únicamente en «comunicarse», sino en comprender y ajustarse a las reglas sociales no explícitas que estructuran la interacción cotidiana (Lai, & Szatmari, 2020; Lord *et al.*, 2020). Esta brecha entre la mirada clínica y la experiencia subjetiva resalta la necesidad de integrar enfoques más comprensivos, capaces de captar no solo los síntomas, sino también las formas diversas de percibir y relacionarse con la realidad.

El diagnóstico del TEA suele realizarse en la primera infancia, entre los 18 meses y los 3 años, cuando se detectan señales como la ausencia de contacto visual sostenido, escasa reciprocidad en el juego o un interés marcado por ciertos objetos o rutinas. Sin embargo, no todos los casos son identificados en esta etapa. En niñas, en personas con lenguaje fluido o con perfiles cognitivos altos, el diagnóstico puede demorarse hasta la adolescencia o adultez. Como destacan Gould y Ashton-Smith (2011), algunas niñas con TEA pueden presentar habilidades sociales aparentemente típicas que enmascaran sus dificultades reales, lo que lleva a diagnósticos erróneos o tardíos.

En relación con sus causas, el TEA es una condición compleja y multifactorial. La evidencia científica indica que existen múltiples genes asociados a una mayor predisposición, aunque ninguno es determinante por sí solo (Grove *et al.*, 2019; Yuen *et al.*, 2017). A esto se suman factores neurobiológicos, como diferencias en la conectividad cerebral —particularmente en redes relacionadas con la cognición social y la regulación emocional— (Just *et al.*, 2012), y factores ambientales prenatales que, si bien no son causa directa, pueden influir como moduladores del riesgo. Entre ellos se incluyen ciertas infecciones durante el embarazo o la exposición a sustancias tóxicas (Hertz-Picciotto, & Schmidt, 2014; Modabbernia *et al.*, 2017).

En relación con la experiencia clínica del autismo, es común que las personas con TEA presenten otras condiciones asociadas o comorbilidades. Entre las más frecuentes están los trastornos del sueño, que afectan a una gran mayoría de niños en el espectro (Carmassi *et al.*, 2019), y los trastornos de ansiedad, que suelen aparecer cuando el entorno es poco predecible o demasiado estimulante. También es común el diagnóstico conjunto con TDAH, que puede compartir varios síntomas con el autismo (Antshel *et al.*, 2020). Otras personas experimentan hipersensibilidad o insensibilidad sensorial, y aproximadamente un tercio tiene además una discapacidad intelectual (Posar, & Visconti, 2023). Estas condiciones pueden complicar el diagnóstico e intervención, pero también abren la posibilidad de abordajes integrales que atiendan la singularidad de cada persona.

En cuanto a las intervenciones, los enfoques contemporáneos se orientan hacia el respeto de la diversidad neurocognitiva y la promoción de la autonomía, en lugar de buscar la «normalización» de conductas. Las estrategias más eficaces combinan el acompañamiento familiar, las adaptaciones escolares y el trabajo interdisciplinar. Modelos como el DIR/Floortime (Greenspan, & Wieder, 2006) que se centra en la construcción del vínculo a través del juego, o el enfoque SCERTS (Prizant *et al.*, 2003), que integra comunicación, regulación emocional y apoyo contextual, han mostrado resultados positivos al priorizar la conexión y la funcionalidad sobre la modificación de conducta (Solomon *et al.*, 2021).

En resumen, entender el autismo implica empezar a reconocerlo como una forma distinta —pero válida— de vivir y relacionarse con el mundo. Para avanzar hacia una verdadera inclusión, es importante aceptar que no hay una única manera de ser, y que dentro del espectro hay muchas formas de sentir, pensar y comunicarse. Esto nos invita a mirar más allá de las dificultades, a reconocer también las fortalezas, y a crear apoyos que se ajusten a cada persona, respetando su ritmo, sus intereses y sus necesidades.

El juego como herramienta de desarrollo

El juego es una de las formas más naturales y poderosas de aprender en la infancia. Mucho más que una actividad divertida o recreativa, es un espacio donde los niños experimentan, piensan, sienten y se relacionan con los demás. Tal como explica Peter Gray (2013), jugar permite a los niños explorar el mundo con libertad, probar roles, resolver problemas y regular sus emociones de manera espontánea. Desde esta perspectiva, el juego no solo refleja lo que el niño ya sabe, sino que lo ayuda a avanzar un paso más allá, a crecer. Esto fue justamente lo que propuso Vygotsky (1978) al describir el juego como una actividad en la que el niño «actúa como si» ya supiera algo que está empezando a construir.

A lo largo del desarrollo, el juego va cambiando. En los primeros años, los niños juegan con su cuerpo, exploran objetos, texturas y sonidos. Más adelante, empiezan a representar escenas, usar un objeto como si fuera otro (por ejemplo, una caja como coche) y a jugar a «ser» otra persona. Con el tiempo, aparece el juego con reglas compartidas, donde los niños cooperan, negocian y resuelven conflictos hablando (Piaget, 1962; Pellegrini, 2009).

En el caso de niños y niñas con Trastorno del Espectro Autista (TEA), el juego puede ser diferente. A veces no muestran mucho interés por el juego simbólico o social y prefieren actividades repetitivas, centradas en objetos o movimientos específicos. Esto no significa que no sepan jugar, sino que lo hacen a su manera. Como señala Wolfberg (2009), estas formas de juego también son valiosas y tienen sentido para el niño. De hecho, lo que a veces parece una simple repetición puede ser una forma de explorar, regularse o expresar algo que aún no pueden decir con palabras.

Numerosos estudios han mostrado que el juego puede ayudar a los niños con TEA a desarrollar habilidades importantes como la comunicación funcional, la atención conjunta, la interacción social y la autorregulación emocional (García-Sánchez *et al.*, 2019; Wood *et al.*, 2022). Pero para que eso ocurra, no se trata de obligar al niño a jugar «como se espera», sino de acompañarlo en su forma de jugar y abrir posibilidades desde allí. El adulto puede observar lo que al niño le interesa, sumarse, enriquecer la propuesta poco a poco y construir un vínculo desde el respeto.

En este proceso, el rol del adulto es fundamental. No se trata de dirigir el juego, sino de seguir la iniciativa del niño, ofrecerle compañía, seguridad y atención. Por ejemplo, si un niño repite una acción con un objeto, el adulto puede imitarla, esperar su turno o introducir una pequeña variación. Estas interacciones, aunque sencillas, ayudan a construir una relación basada en la confianza y el placer compartido. Este enfoque es la base de propuestas como el citado modelo DIR/Floortime (Greenspan, & Wieder, 2006), que promueve el desarrollo desde la conexión emocional y el juego compartido (Solomon *et al.*, 2021).

El juego también puede ser una herramienta para trabajar habilidades más complejas, como la flexibilidad cognitiva, la adopción de turnos o la capacidad de ponerse en el lugar del otro. A través de actividades lúdicas adaptadas —como juegos de roles, dinámicas sensoriales o circuitos motores—, es posible acompañar estos procesos sin que se sientan forzados. Desde la neuroeducación se sabe que el cerebro aprende mejor cuando se siente seguro, motivado y emocionalmente conectado (Immordino-Yang *et al.*, 2019; Tokuhama-Espinosa, 2021). Y justamente eso es lo que el juego puede ofrecer: un entorno significativo, emocionalmente rico y abierto a la exploración.

Es importante entender que no hay un único tipo de juego válido. Algunos niños con TEA se sienten más cómodos con juegos estructurados y materiales bien organizados. Otros prefieren construir, clasificar, escuchar sonidos, moverse o explorar texturas. La tarea del adulto —en la casa, en la escuela o en la terapia— es ofrecer distintas posibilidades, sin imponer, y estar disponible para acompañar con sensibilidad y flexibilidad.

En definitiva, jugar no es solo un momento para «pasarlo bien». Para muchos niños con TEA, el juego es una forma de mostrarse, de conectar con otros y de crecer en un entorno que respeta su singularidad. Como señala Peter Gray (2013), es a través del juego que los niños aprenden a tomar el control sobre su propia vida. Pero para que esto sea posible, necesitamos adultos dispuestos a mirar con apertura, a entrar en ese mundo lúdico y a construir desde ahí vínculos reales.

Neuroeducación: Un puente entre la neurociencia y la pedagogía

El ámbito educativo atraviesa actualmente una transformación profunda. Durante mucho tiempo, la enseñanza se concebía principalmente como un arte basado en la experiencia personal y la transmisión tradicional de conocimientos. Sin embargo, en las últimas décadas, los avances en neurociencia han comenzado a modificar los fundamentos sobre los que se entiende el aprendizaje. En este contexto, surge la neuroeducación, también conocida como neurociencia educativa: un campo interdisciplinario que integra aportes de la neurobiología, la psicología cognitiva y la pedagogía para comprender cómo aprende el cerebro y cómo mejorar ese proceso de forma ética, inclusiva y basada en evidencia (Bueno, 2021; Gkintoni et al., 2023).

Según David Bueno, director de la Cátedra de Neuroeducación de la Universidad de Barcelona, la neuroeducación no pretende que los docentes se conviertan en científicos, sino que tengan acceso a conocimientos fiables sobre el funcionamiento del cerebro durante el aprendizaje, y puedan integrarlos de manera práctica en el aula (Bueno, & Forés, 2025). La propuesta busca articular ciencia y pedagogía sin perder de vista el componente humano y social de la educación.

Este campo reconoce que el aprendizaje no es solo un proceso cognitivo, sino también biológico, emocional y social. Factores como la memoria, la atención, la motivación, las funciones ejecutivas, la regulación emocional y la plasticidad cerebral son claves en la construcción del conocimiento, especialmente durante la infancia y la adolescencia, etapas críticas del desarrollo (Gkintoni et al., 2023).

Uno de los aportes más relevantes de la neuroeducación es el reconocimiento de la neurodiversidad. No existe un único modo «correcto» de aprender, sino una amplia variedad de formas de procesar la información y relacionarse con el entorno. Desde esta perspectiva, se subraya la importancia del bienestar emocional, la seguridad afectiva y la motivación como condiciones esenciales para que cualquier estudiante pueda aprender de manera significativa (Tokuhama-Espinosa, 2021).

Más que un conjunto de técnicas, la neuroeducación ofrece una mirada integral sobre la enseñanza, donde las diferencias entre los estudiantes se entienden como parte natural del desarrollo humano, y no como problemas que deben ser corregidos. Como señala David Bueno (2021), el aprendizaje es un proceso que se construye «de abajo hacia arriba»: la emoción, el vínculo y el contexto preceden y sostienen el desarrollo cognitivo.

Comprender cómo funciona el cerebro cuando aprende permite a los docentes tomar decisiones más conscientes, especialmente en contextos donde hay diversidad funcional o neurocognitiva. En el caso del Trastorno del Espectro Autista (TEA), contar con una base científica actualizada sobre el aprendizaje facilita el diseño de estrategias pedagógicas más inclusivas, ajustadas a las necesidades reales de cada niño y respetuosas de sus formas únicas de comprender el mundo (Gkintoni et al., 2023).

Juego, neuroeducación y autismo: Claves para una intervención inclusiva

La relación entre el Trastorno del Espectro Autista (TEA), el juego y la neuroeducación ofrece una nueva manera de entender y acompañar a los niños y niñas con desarrollo neurodivergente. Estos tres elementos, al integrarse, permiten construir propuestas más inclusivas, efectivas y adaptadas a las necesidades individuales.

El juego ha demostrado ser una vía poderosa para fomentar habilidades cognitivas, sociales y emocionales en niños con TEA. Lejos de ser una simple actividad recreativa, es un espacio clave para el desarrollo cognitivo, emocional y social. En el caso de los niños con TEA, puede ser especialmente útil para trabajar habilidades como la flexibilidad, la planificación, el control de impulsos o la atención compartida (Bodrova, & Leong, 2007). Sin embargo, no siempre ocurre de manera espontánea: es necesario adaptar los materiales, los tiempos y las formas de interacción para que el juego sea accesible y significativo.

Desde la neuroeducación se reconoce que el aprendizaje no ocurre en el vacío: el cerebro necesita seguridad, motivación y conexión emocional para aprender de forma real y duradera (Immordino-Yang, 2016). En el caso del autismo, esta mirada es especialmente importante, ya que muchos niños experimentan la escuela o la terapia como entornos rígidos o estresantes. Integrar el juego como parte del proceso educativo, desde un enfoque que tenga en cuenta cómo funciona el cerebro, no solo favorece el desarrollo de habilidades, sino que también reduce la ansiedad y mejora la disposición al aprendizaje (Tokuhama-Espinosa, 2021).

Un ejemplo concreto de esta integración es el citado modelo DIR/Floortime, creado por Stanley Greenspan y Serena Wieder (2006). Este enfoque propone que el adulto se conecte emocionalmente con el niño a través del juego, siguiendo sus intereses y respetando sus tiempos. En lugar de imponer aprendizajes, se parte del vínculo para que el niño se sienta acompañado y motivado. A partir de allí, pueden emerger la comunicación, el lenguaje y la capacidad de pensar de forma simbólica. Es una forma de intervención que coincide con la neuroeducación, al reconocer que todo desarrollo intelectual necesita, primero, una base emocional segura.

Además, existe evidencia empírica reciente que respalda el uso del juego como herramienta terapéutica. Por ejemplo, diversos estudios han demostrado que las intervenciones lúdicas centradas en la interacción social pueden mejorar significativamente la comunicación funcional, la atención conjunta y la regulación emocional en niños con TEA (Wong *et al.*, 2015; Nowell *et al.*, 2021). Pero no se trata simplemente de jugar más, sino de hacerlo con intención: con objetivos claros, respetando el perfil del niño, adaptándose a su nivel de lenguaje, sus intereses y sus necesidades sensoriales. En este tipo de juego, el adulto no fuerza respuestas, sino que acompaña y potencia la iniciativa del niño.

La idea de andamiaje, tomada de Vygotsky (1978), también es clave en este contexto. Significa que el adulto actúa como guía, ayudando al niño a realizar una actividad que todavía no puede hacer solo. En el juego, esto implica ofrecer apoyos ajustados, que se van retirando poco a poco a medida que el niño gana autonomía. En el caso del autismo, este acompañamiento requiere una observación atenta, para no pasar por alto señales sutiles de incomodidad o sobrecarga.

Por otro lado, el juego ofrece una vía natural para trabajar aspectos emocionales y sociales que suelen ser difíciles de abordar desde enfoques más estructurados. En el juego simbólico, por ejemplo, se desarrollan habilidades como la empatía, la anticipación de intenciones del otro o la tolerancia a la frustración. Aunque muchos niños con TEA encuentran desafíos en estas áreas, se han observado avances significativos cuando las propuestas se adaptan a sus fortalezas e intereses (Koenig *et al.*, 2021; Trembath *et al.*, 2022).

En la práctica, unir juego, neuroeducación y autismo significa construir propuestas que respeten la diversidad, promuevan la participación activa del niño y valoren el componente emocional del aprendizaje. Se trata de pasar de una intervención correctiva a una más relacional. De dejar de buscar que el niño imite conductas normativas, para empezar a acompañarlo en su forma propia de expresarse, explorar y aprender.

Además, este enfoque no solo beneficia a los niños con TEA. También enriquece los entornos educativos en general. Una pedagogía basada en el juego, el respeto y el conocimiento del cerebro humano ayuda a crear espacios más inclusivos, donde todos los niños —neurodivergentes o no— pueden aprender, participar y desarrollarse plenamente.

En definitiva, integrar el juego y la neuroeducación en el acompañamiento del autismo no es una técnica aislada, sino una forma de entender la infancia y el aprendizaje. Implica reconocer que enseñar no es solo transmitir contenidos, sino también construir vínculos, acompañar emociones, ofrecer oportunidades de juego y generar entornos donde cada niño pueda sentirse visto, valorado y comprendido. Para que esto sea posible, las prácticas educativas necesitan apoyarse tanto en la evidencia científica como en la capacidad de conectar con cada niño desde una presencia empática y auténtica.

Propuestas y estrategias prácticas

Traducir la teoría en acción es uno de los principales desafíos en el abordaje educativo y terapéutico del Trastorno del Espectro Autista (TEA). Si bien los marcos conceptuales como la neuroeducación y el juego como medio de intervención ofrecen grandes posibilidades, su impacto real dependerá de cómo sean aplicados en contextos concretos. A continuación, se plantean una serie de propuestas y estrategias prácticas dirigidas a docentes, terapeutas, familias y acompañantes, con el objetivo de favorecer entornos inclusivos y experiencias de aprendizaje significativas para niños y niñas en el espectro.

Diseñar entornos inclusivos para el juego

El ambiente en el que se desarrolla el juego es fundamental para garantizar la participación activa y el bienestar de los niños y niñas con Trastorno del Espectro Autista (TEA). Tal como señala David Bueno (2021), el contexto ambiental puede activar o inhibir la disposición neurobiológica para el aprendizaje. En el caso del TEA, donde existe una alta sensibilidad a los estímulos y una necesidad de previsibilidad, el diseño de entornos debe atender a características sensoriales, organizativas y emocionales específicas.

Un entorno inclusivo favorece la exploración sin ansiedad, permite la anticipación de lo que va a ocurrir y ofrece posibilidades múltiples de interacción. Esto se puede lograr mediante la organización clara de los espacios, el uso de señales visuales que indiquen zonas y materiales y la disponibilidad de áreas diferenciadas para distintos tipos de juego: juego simbólico, sensorial, motor o tranquilo (Hume *et al.*, 2009). Según estos autores, los apoyos visuales y la estructura ambiental aumentan la autonomía del niño con TEA y reducen la necesidad de intervención constante.

Además, la modulación sensorial del espacio debe ser cuidadosamente planificada. Evitar ruidos fuertes, luces intensas o decoraciones saturadas permite reducir la sobreestimulación, una de las principales causas de desregulación emocional en el espectro. El diseño físico del entorno no es solo una cuestión estética, sino una herramienta pedagógica y terapéutica que puede potenciar o dificultar el desarrollo del juego.

El rol del adulto: guía, observador y compañero de juego

La presencia del adulto en el juego de los niños con autismo no debe entenderse como la de un director de escena, sino como la de un facilitador que observa, escucha y acompaña. En lugar de imponer consignas o corregir acciones, el adulto sensible es aquel que entra al universo del niño desde el respeto, sigue su iniciativa y construye desde allí una interacción significativa. Esta forma de acompañar se encuentra en consonancia con el enfoque socioconstructivista propuesto por Vygotsky (1978), en el cual el aprendizaje se da en la interacción con otros, a partir de la mediación emocional y cognitiva.

Modelos relacionales, como el citado DIR/Floortime (Greenspan, & Wieder, 2006), destacan la importancia de la participación afectiva del adulto. Mediante la imitación, el turno, la sintonía emocional y la expansión de acciones lúdicas, se crea un canal de comunicación entre el niño y el adulto que permite fortalecer la regulación emocional, el interés compartido y el desarrollo de habilidades sociales.

Uno de los aspectos más importantes de este acompañamiento es la lectura del lenguaje no verbal. En muchos niños con TEA, las expresiones corporales, las miradas, las repeticiones o los silencios son formas legítimas de expresión que requieren ser interpretadas con sensibilidad. La presencia disponible y receptiva del adulto ofrece un marco de contención que no exige, sino que propone y legitima la forma en que cada niño decide entrar en el juego.

Asimismo, el vínculo generado a través del juego facilita la construcción de lazos de confianza, que a su vez son la base para que el niño se anime a explorar nuevas formas de jugar, de comunicarse y de relacionarse. Como señala Peter Fonagy (2018), los vínculos afectivos seguros son los principales organizadores del desarrollo psicológico temprano, y el juego compartido es una de las vías más eficaces para construirlos.

Herramientas tecnológicas y materiales adaptativos

En la actualidad, la tecnología ha ampliado las posibilidades de inclusión para personas con autismo, ofreciendo herramientas que no solo compensan dificultades comunicativas o cognitivas, sino que también potencian el juego como medio de desarrollo. Las aplicaciones de comunicación aumentativa y alternativa (CAA), como Proloquo2Go (AssistiveWare, 2023) o LetMeTalk (Appnotize UG, 2023), permiten a niños no verbales participar en juegos de roles, expresar preferencias, seguir instrucciones o contar historias, integrando la tecnología al mundo simbólico.

En ese sentido, estudios recientes han demostrado que el uso de dispositivos móviles, como las tabletas, puede mejorar notablemente la comunicación funcional en niños con Trastorno del Espectro Autista (TEA). Un metaanálisis llevado a cabo por Muharib, Walker y Chung (2023) concluyó que los dispositivos con generación de voz,

220

como los utilizados en aplicaciones de comunicación aumentativa, promueven avances significativos en habilidades comunicativas como las peticiones, las respuestas verbales y las vocalizaciones espontáneas. Además, estas herramientas no solo favorecen la expresión, sino que también aumentan la motivación para participar en actividades compartidas, lo cual es clave desde una perspectiva neuroeducativa. En este sentido, el aprendizaje sostenido requiere del compromiso emocional del niño, ya que este activa los circuitos de recompensa dopaminérgicos que facilitan la consolidación de nuevos aprendizajes (García-García, & Jara-Ettinger, 2022).

Junto con la tecnología digital, también resultan valiosos los materiales adaptativos sensoriales y manipulativos, como masas, texturas variadas, paneles táctiles o juegos de luces. Estos recursos permiten ofrecer experiencias sensoriales reguladoras que ayudan a equilibrar la activación neurológica, facilitando así la disponibilidad para el juego y la interacción. Estudios recientes han demostrado que comprender el perfil sensorial del niño es clave para seleccionar materiales adecuados que eviten la saturación y promuevan la exploración placentera. Por ejemplo, Narzisi *et al.* (2022) encontraron que los niños con TEA presentan patrones sensoriales distintos que deben ser considerados al diseñar intervenciones personalizadas. Además, Rodríguez-Armendariz *et al.* (2024) destacaron la importancia de identificar y abordar los desafíos sensoriales específicos en niños con trastornos del neurodesarrollo para mejorar su participación y calidad de vida.

Por último, es importante tener presente que la tecnología no viene a reemplazar el contacto humano, sino a complementarlo. Las herramientas digitales pueden ser muy útiles, siempre que estén al servicio del vínculo, la comunicación y la creatividad. Lo más valioso sigue siendo la conexión emocional, el entorno bien preparado y la capacidad del adulto para estar presente con atención y sensibilidad. Una intervención realmente efectiva combina lo mejor de ambos mundos: la ayuda que puede ofrecer la tecnología y la calidez de un acompañamiento humano cercano.

Actividades concretas y adaptaciones accesibles al TEA

Diseñar actividades lúdicas para niños y niñas con Trastorno del Espectro Autista (TEA) implica, ante todo, cambiar la mirada. No se trata de que el niño se adapte al juego tradicional, sino de adaptar el juego para que responda a sus intereses, formas de pensar y necesidades sensoriales. Jugar puede verse distinto en el autismo, pero eso no lo hace menos valioso. Al contrario, como señalan estudios recientes, incluir en el juego a niños con autismo implica reconocer y valorar la diferencia como una fuente de aprendizaje y conexión (Chang, Shih, & Kasari, 2020).

Las actividades lúdicas más efectivas en el TEA suelen ser aquellas que respetan la estructura, incorporan apoyos visuales, ofrecen oportunidades de elección y parten de intereses espontáneos. Por ejemplo, un juego de roles como «la tienda» puede volverse accesible si se utilizan imágenes de los productos, tarjetas con frases funcionales o un guion visual que ayude a anticipar los pasos del juego. Estas adaptaciones permiten que el niño comprenda mejor la dinámica, reduzca la ansiedad frente a lo impredecible y se concentre en disfrutar la interacción. Esta estrategia es coherente con los principios actualizados del modelo SCERTS (Prizant *et al.*, 2020), que enfatiza la importancia de la comunicación funcional, la regulación emocional y el apoyo contextual para promover la participación.

Otras actividades como juegos de construcción colaborativa, circuitos motores con estaciones, juegos musicales o juegos de memoria visual pueden facilitar el desarrollo de habilidades cognitivas, motoras y sociales si se presentan de forma accesible. La evidencia muestra que dividir las tareas en pasos visuales, anticipar turnos, ofrecer modelos concretos y permitir la repetición son formas eficaces de facilitar el acceso al juego (Yamamoto, & Kushima, 2022).

Es importante recordar que la espontaneidad también debe estar presente. A veces, el juego más significativo ocurre cuando el adulto se sienta junto al niño, observa lo que hace sin interrumpir y luego participa imitando su acción. Este tipo de juego paralelo o compartido, que parte de la iniciativa del niño, ha demostrado ser una de las formas más potentes de construir vínculo, especialmente en etapas tempranas del desarrollo (Dunst, & Bruder. 2020).

La adaptación no implica simplificar ni restar valor a la actividad, sino diseñarla desde la perspectiva del niño, considerando su estilo sensorial, su nivel de comprensión, su lenguaje expresivo y sus motivaciones internas. Como sostiene la evidencia reciente, cuando se respeta el estilo propio del niño con autismo en el juego, se abre un camino auténtico hacia la comunicación y la interacción social significativa (Kasari, Huynh, & Gulsrud, 2021).

El rol de la familia en el juego: vínculo, disponibilidad y respeto

El hogar es el primer lugar donde ocurre el juego y el entorno emocional más influyente para el desarrollo de un niño. En el caso del Trastorno del Espectro Autista (TEA), la familia tiene un papel clave no solo para estimular habilidades, sino, sobre todo, para crear un espacio donde el niño se sienta seguro, comprendido y libre de ser él mismo. El juego compartido entre padres, madres, hermanos y el niño puede convertirse en una experiencia profundamente significativa, incluso sin metas específicas ni intervenciones estructuradas (Dunst, & Bruder, 2020).

Jugar en familia no requiere técnicas sofisticadas ni juguetes especiales. Lo esencial es la presencia emocional, la disponibilidad atenta y el respeto por los tiempos y formas del niño. Estudios recientes destacan que la *responsividad* parental —es decir, la capacidad de los adultos de seguir la iniciativa del niño y responder de manera sensible y contingente— está asociada a mejoras en la comunicación social y en el desarrollo del lenguaje (Green *et al.*, 2020; Karst, & Van Hecke, 2012).

Una estrategia valiosa es integrar el juego en la rutina diaria, aunque sea por breves momentos. Un juego simple antes de cenar o una actividad lúdica mientras se cocina juntos puede transformarse en un ritual de conexión que favorezca la regulación emocional y fortalezca el vínculo. Lo importante no es cuánto se juega, sino cómo se acompaña: con atención plena, respeto por el ritmo del niño y disfrute compartido.

También es importante validar formas de juego que escapan de lo típico. Si un niño prefiere alinear juguetes en lugar de imaginar escenas o repite frases en vez de crear diálogos, está explorando y expresando desde su manera de entender el mundo. Sumarse a su juego, sin forzar cambios, puede ser una vía poderosa de conexión y validación emocional (Crouch *et al.*, 2020).

La familia también puede fomentar la interacción con hermanos o pares, promoviendo juegos inclusivos donde cada niño participe desde sus habilidades. La investigación actual en neuroeducación y desarrollo afectivo resalta que los vínculos emocionales son la base sobre la cual se construyen muchas funciones cognitivas complejas (Immordino-Yang, Darling-Hammond, & Krone, 2019).

Una de las lecciones más importantes del juego compartido con niños con TEA es que el vínculo se construye con presencia genuina, no con intervenciones perfectas. Muchas familias sienten la presión de aplicar técnicas o «jugar bien», especialmente tras el diagnóstico. Sin embargo, la literatura muestra que lo esencial es estar disponibles emocionalmente, seguir la iniciativa del niño y disfrutar de esos pequeños momentos juntos (Green *et al.*, 2020).

El adulto también cambia cuando entra en el juego con su hijo. A menudo esto implica revisar ideas rígidas sobre lo que significa jugar o enseñar. Escuchar sin palabras, notar gestos sutiles y respetar silencios son habilidades que se desarrollan en esta interacción cotidiana. Estos microintercambios, aparentemente simples, son en realidad la base del desarrollo emocional temprano y de la construcción de la intersubjetividad (Trevarthen, & Delafield-Butt, 2018).

Por eso, el juego no debe verse solo como un recurso terapéutico, sino como una forma de estar con el otro. Cuando se sostiene desde el vínculo y la reciprocidad, el juego se convierte en un espacio desde donde florecen el lenguaje, la atención compartida y las habilidades sociales. Para los niños con TEA, sentirse emocionalmente aceptados les brinda seguridad y les permite participar con mayor autonomía en su entorno (Green *et al.*, 2020).

Conclusión: Del diseño a la relación, del juego a la inclusión

Las estrategias prácticas desarrolladas en este apartado no pretenden ofrecer recetas universales, sino caminos posibles para construir entornos de aprendizaje y juego más accesibles, sensibles y eficaces para niños y niñas con Trastorno del Espectro Autista. Lo que une a todas estas propuestas es una concepción del juego no solo como una herramienta pedagógica o terapéutica, sino como una experiencia humana fundamental, donde se articulan la emoción, el vínculo y la posibilidad de crecer desde la propia singularidad.

El diseño de espacios inclusivos, la presencia afectiva del adulto, el uso ético y creativo de la tecnología, las adaptaciones específicas de las actividades y el protagonismo de la familia son dimensiones interdependientes que configuran un marco de intervención coherente con los principios de la neuroeducación. Tal como subraya Tokuhama-Espinosa (2021), toda práctica educativa eficaz debe contemplar el funcionamiento del cerebro, pero también debe respetar el contexto emocional, cultural y social del niño. Y en el caso del TEA, donde la experiencia del mundo puede diferir sensiblemente de la norma neurotípica, este respeto no es solo ético, sino estructural: sin él, no hay aprendizaje posible.

La inclusión no ocurre únicamente por decreto, ni por el uso de metodologías innovadoras. Ocurre cuando el adulto se detiene a observar, a escuchar lo que no siempre se dice con palabras, y a responder con sensibilidad, coherencia y apertura. En este sentido, el juego se convierte en un lenguaje compartido, una zona intermedia donde el niño puede expresar lo que siente, experimentar nuevas formas de relación y ensayar caminos hacia la autonomía.

El acompañamiento familiar y profesional, cuando se basa en el respeto profundo por la neurodiversidad, puede transformar las dificultades en oportunidades y las diferencias en aprendizajes compartidos. Investigaciones recientes en neurociencia educativa y en intervención temprana coinciden en que lo que más influye en el desarrollo no es la cantidad de estímulos, sino la calidad del vínculo afectivo, la sensibilidad del entorno y la sintonía entre adulto y niño (Dunst, & Bruder, 2020; Immordino-Yang, Darling-Hammond, & Krone, 2019). Por eso, toda estrategia que busque ser verdaderamente efectiva debe estar enraizada en el vínculo humano, guiada por la empatía y sostenida por un conocimiento profundo de las necesidades individuales.

Consolidar prácticas inclusivas centradas en el juego y en los aportes de la neuroeducación no solo beneficia a los niños con TEA, sino que enriquece las experiencias de todos los niños y niñas. Promueve una cultura educativa donde la diferencia no se tolera pasivamente, sino que se valora como parte esencial de la condición humana. Porque jugar juntos —cada uno desde su forma única de ser— es una de las maneras más potentes de aprender a convivir, a comprender y a crecer en comunidad.

Conclusiones

El recorrido por las dimensiones entrelazadas del TEA, el juego y la neuroeducación revela un punto de convergencia clave: la posibilidad de acompañar desde el respeto y el conocimiento, sin renunciar a la sensibilidad ni a la rigurosidad científica. A lo largo del capítulo, se ha buscado desarticular miradas unidimensionales del TEA que lo reducen a un conjunto de déficits, para proponer en cambio un enfoque integral, donde el juego es una forma legítima de comunicación y la neuroeducación aporta herramientas basadas en la evidencia para favorecer el aprendizaje desde la diversidad.

Entender que el autismo es una variación en la manera de procesar el mundo, implica modificar nuestras prácticas, nuestras expectativas y, sobre todo, nuestras formas de relacionarnos. Cuando el juego se ofrece como un espacio libre, compartido y sin juicios, se convierte en una puerta de entrada al mundo interior del niño. No se trata de una actividad menor, sino de un lenguaje que permite conocer, conectar, expresar y construir aprendizajes con sentido.

Por su parte, la neuroeducación nos invita a comprender que el aprendizaje real no ocurre bajo presión ni en aislamiento. Ocurre cuando hay motivación, seguridad emocional y vínculos significativos. En el caso del autismo, esto se vuelve aún más evidente: no se trata de forzar aprendizajes, sino de crear las condiciones para que surjan desde la confianza y el interés. Como bien señalan Immordino-Yang, Darling-Hammond y Krone (2019), no hay aprendizaje profundo sin emoción, y no hay emoción sin vínculo.

A lo largo del texto, se han presentado teorías, investigaciones recientes y estrategias prácticas que permiten repensar el rol del juego en la vida de los niños y niñas con autismo. Sin embargo, más allá de las técnicas o los modelos, lo que permanece como núcleo irreductible de toda intervención significativa es la calidad del vínculo. Tal como señala Fernández Cerero *et al.* (2024), lo que realmente marca la diferencia en el desarrollo no es solo el tipo de intervención, sino la capacidad del adulto para estar presente con calidez, disponibilidad y respeto por el niño.

Por ello, acompañar a un niño con TEA desde el juego y la neuroeducación no es solo una práctica educativa o terapéutica: Es una forma de estar. Es elegir el encuentro antes que el control. Es también una postura ética y social: desafiar los modelos que excluyen lo diferente y abrir caminos para que cada infancia sea vivida con dignidad.

En definitiva, se trata de construir una pedagogía que ponga en el centro a las personas, no a los rendimientos. Una pedagogía donde el juego tenga valor por lo que expresa, no solo por lo que enseña. Donde la neuroeducación nos ayude a entender mejor, no a encajar a la fuerza. Donde cada niño pueda crecer desde su modo único de estar en el mundo.

Porque cuando se juega con un niño con TEA con empatía, con atención y con afecto, no solo aprende el niño. También aprende el adulto. Aprende a mirar distinto, a dejar de lado las metas apuradas, y a confiar en que el desarrollo no siempre sigue una línea recta, pero siempre encuentra su camino cuando es acompañado con amor y conocimiento.

Referencias

American Psychiatric Association. (2013). *Diagnostic and statistical manual of mental disorders* (5th ed.).

Antshel, K. M., Zhang-James, Y., & Faraone, S. V. (2020). The comorbidity of ADHD and autism spectrum disorder. *Expert Review of Neurotherapeutics, 20*(3), 219-234.

Appnotize UG (2023). *LetMeTalk* |Aplicación móvil|.

AssistiveWare (2023). *Proloquo2Go* |Aplicación móvil|.

Baron-Cohen, S. (2017). *Autism and Asperger Syndrome: The facts*. Oxford University Press.

Bodrova, E., & Leong, D. J. (2007). *Tools of the mind: The Vygotskian approach to early childhood education* (2nd ed.). Pearson.

Bueno, D. (2021). *Neurociencia para educadores*. Grijalbo.

Bueno, D. (2021). *Neuroeducación: Cómo funciona el cerebro para aprender*. Grijalbo.

Bueno, D., & Forés, A. (2025). *Neuroeducación en la práctica docente: De la teoría al aula inclusiva*. Paidós.

Carmassi, C., Palagini, L., Caruso, D., Masci, I., Nobili, L., Vita, A., & Dell'Osso, L. (2019). Systematic review of sleep disturbances and circadian sleep desynchronization in autism spectrum disorder: Toward an integrative model of a self-reinforcing loop. *Frontiers in Psychiatry, 10,* 366.

Chang, Y.-C., Shih, W., & Kasari, C. (2020). The role of joint engagement in the social communication of children with autism. *Journal of Child Psychology and Psychiatry, 61*(8), 887-895.

Crouch, A., Harding, S., & Sigafoos, J. (2020). Participatory play in children with autism: Exploring alignment, engagement, and response. *Research in Autism Spectrum Disorders, 76,* 101594.

Davis, R., & Crompton, C. J. (2021). What do new findings about social interaction in autistic adults mean for neurodevelopmental research? *Perspectives on Psychological Science, 16*(4), 649-653.

Dunst, C. J., & Bruder, M. B. (2020). Parental responsiveness and children's social-emotional development. *Journal of Early Intervention, 42*(1), 3-16.

Fernández Cerero, J., Navarro Granados, M., & Herrera-Pastor, D. (2024). *Intervención socioeducativa en contextos de diversidad: Aportes desde la neuroeducación y la pedagogía inclusiva.* Narcea Ediciones.

Fonagy, P. (2018). *Attachment theory and psychoanalysis.* Routledge.

García-García, I., & Jara-Ettinger, J. (2022). Learning through play: Reward, curiosity and intrinsic motivation. *Trends in Cognitive Sciences, 26*(11), 936-949.

García-Sánchez, J. N., Caurcel, M. J., & García-Sánchez, E. (2019). Juego, atención conjunta y comunicación en niños con autismo: Un programa de intervención lúdica. *Revista de Psicodidáctica, 24*(1), 33-40.

Gkintoni, E., Tzitzi, M., & Karalis, T. (2023). The contribution of neuroscience to inclusive education: The role of neuroeducation. *International Journal of Inclusive Education.* Advance online publication.

Gould, J., & Ashton-Smith, J. (2011). Missed diagnosis or misdiagnosis? Girls and women on the autism spectrum. *Good Autism Practice, 12*(1), 34-41.

Green, J., Leadbitter, K., Kay, C., & Sharma, K. (2020). Parent-mediated interventions for autism spectrum disorder. *Nature Reviews Psychology, 1,* 84-97.

Greenspan, S. I., & Wieder, S. (2006). *Engaging autism: Using the Floortime approach to help children relate, communicate, and think.* Da Capo Lifelong Books.

Gray, P. (2013). *Free to learn: Why unleashing the instinct to play will make our children happier, more self-reliant, and better students for life.* Basic Books.

Grove, J., Ripke, S., Als, T. D., Mattheisen, M., Walters, R. K., Won, H., ... & Børglum, A. D. (2019). Identification of common genetic risk variants for autism spectrum disorder. *Nature Genetics, 51*(3), 431-444.

Hertz-Picciotto, I., & Schmidt, R. J. (2014). The role of environmental exposures and gene-environment interactions in autism spectrum disorders: A review of recent evidence. *Current Opinion in Pediatrics, 26*(2), 243-250.

Hume, K., Boyd, B. A., Hamm, J. V., & Kucharczyk, S. (2009). Supporting independence in adolescents on the autism spectrum. *Teaching Exceptional Children, 42*(2), 6-13.

Immordino-Yang, M. H. (2016). *Emotions, learning, and the brain: Exploring the educational implications of affective neuroscience.* W. W. Norton & Company.

Immordino-Yang, M. H., Darling-Hammond, L., & Krone, C. R. (2019). *The brain basis for integrated social, emotional, and academic development: How emotions and relationships drive learning.* Aspen Institute.

Immordino-Yang, M. H., Darling-Hammond, L., & Krone, C. R. (2019). *El cerebro en la escuela: Cómo las emociones y las relaciones afectan al aprendizaje.* Morata.

Just, M. A., Keller, T. A., Malave, V. L., Kana, R. K., & Varma, S. (2012). Autism as a neural systems disorder: A theory of frontal-posterior underconnectivity. *Neuroscience & Biobehavioral Reviews, 36*(4), 1292-1313.

Karst, J. S., & Van Hecke, A. V. (2012). Parent and family impact of autism spectrum disorders: A review and proposed model for intervention evaluation. *Clinical Child and Family Psychology Review, 15,* 247-277.

Kasari, C., Huynh, L. N., & Gulsrud, A. C. (2021). Promoting social communication development in children with autism: A review of the evidence. *Current Psychiatry Reports, 23*(10), 64.

Kapp, S. K., Gillespie-Lynch, K., Sherman, L. E., & Hutman, T. (2019). Deficit, difference, or both? Autism and neurodiversity. *Developmental Psychology, 49*(1), 59-71.

Koenig, K. P., O'Donnell, M., & Riedy, K. (2021). Play-based interventions for autistic children: Supporting social-emotional development. *Journal of Autism and Developmental Disorders, 51*(4), 1156-1169.

Lai, M.-C., & Baron-Cohen, S. (2023). Autism. *The Lancet, 401*(10370), 518-530. https://doi.org/10.1016/S0140-6736(22)01892-5

Lai, M. C., & Szatmari, P. (2020). Sex and gender impacts on the behavioural presentation and recognition of autism. *Current Opinion in Psychiatry, 33*(2), 117-123.

Lord, C., Elsabbagh, M., Baird, G., & Veenstra-VanderWeele, J. (2020). Autism spectrum disorder. *The Lancet, 392*(10146), 508-520. https://doi.org/10.1016/S0140-6736(19)31189-3

Modabbernia, A., Velthorst, E., & Reichenberg, A. (2017). Environmental risk factors for autism: An evidence-based review of systematic reviews and meta-analyses. *Molecular Autism, 8,* 13.

Muharib, R., Walker, V. L., & Chung, P. J. (2023). The effects of speech-generating devices on communication outcomes in children with autism: A meta-analysis. *Journal of Autism and Developmental Disorders, 53,* 1220-1236.

Narzisi, A., Salerno, L., Siracusano, R., & Mazzone, L. (2022). Sensory profiles in autism spectrum disorders: A comprehensive review. *Children, 9*(3), 357.

Nowell, S. W., Watson, L. R., Boyd, B. A., & Baranek, G. T. (2021). Effects of a play-based parent-mediated intervention on social communication in children with autism. *Autism, 25*(2), 477-489.

Pellegrini, A. D. (2009). *The role of play in human development.* Oxford University Press.

Piaget, J. (1962). *Play, dreams and imitation in childhood.* Routledge & Kegan Paul. (Original work published 1945)

Posar, A., & Visconti, P. (2023). Autism spectrum disorder and intellectual disability: Diagnostic challenges and differential diagnosis. *Children, 10*(2), 353.

Prizant, B. M., Wetherby, A. M., Rubin, E., & Laurent, A. C. (2003). The SCERTS Model: A comprehensive educational approach for children with autism spectrum disorders. *Infants & Young Children, 16*(4), 296-316.

Prizant, B. M., Wetherby, A. M., Rubin, E., Laurent, A. C., & Rydell, P. J. (2020). *The SCERTS model: A comprehensive educational approach for children with autism spectrum disorders.* Paul H. Brookes Publishing Co.

Rodríguez-Armendariz, C., Díaz, M. J., & Rosales, M. (2024). Intervenciones sensoriales personalizadas en niños con trastornos del neurodesarrollo: Revisión y recomendaciones. *Revista de Educación Inclusiva, 17*(1), 23-45.

Solomon, R., Van Egeren, L. A., Mahoney, G., Huber, M. S. Q., & Zimmerman, P. (2021). PLAY Project Home Consultation Intervention Program for young children with autism spectrum disorders: A randomized controlled trial. *Journal of Developmental and Behavioral Pediatrics, 42*(1), 36-45.

Tokuhama-Espinosa, T. (2021). *Neuromyths: Debunking false ideas about the brain in education*. Norton.

Tokuhama-Espinosa, T. (2021). *Neuroeducación en el aula: De la teoría a la práctica*. Editorial Paidós.

Tokuhama-Espinosa, T. (2021). *The power of student teams: Achieving social, emotional, and cognitive learning in every classroom through academic teamwork*. Corwin Press.

Trevarthen, C., & Delafield-Butt, J. (2018). Intersubjectivity in infant communication and education: The development of learning in cooperation. *Psychology and Education, 55*(3-4), 6-30.

Trembath, D., Vivanti, G., Barbaro, J., & Dissanayake, C. (2022). Social and play-based interventions in autism: Translating evidence into practice. *Pediatric Clinics of North America, 69*(4), 723-739.

Vygotsky, L. S. (1978). *Mind in society: The development of higher psychological processes*. Harvard University Press.

Wolfberg, P. J. (2009). *Play and imagination in children with autism* (2nd ed.). Teachers College Press.

Wolfberg, P. J. (2020). *Play and imagination in children with autism* (3rd ed.). Teachers College Press.

Wood, R., Cage, E., & Milton, D. (2022). Play-based learning and autistic children: Insights from participatory research. *Autism & Developmental Language Impairments, 7*, 1-12.

Wood, R., Cage, E., & Pellicano, E. (2022). Play and neurodivergence: Valuing the autistic voice in play-based learning. *British Journal of Educational Psychology, 92*(2), 599-616.

Yamamoto, J., & Kushima, M. (2022). Visual supports to enhance play and communication in children with autism spectrum disorder: A practical review. *International Journal of Developmental Disabilities, 68*(5), 487-496.

Yuen, R. K. C., Merico, D., Bookman, M., Howe, J. L., Thiruvahindrapuram, B., Patel, R. V., ... & Scherer, S. W. (2017). Whole genome sequencing resource identifies 18 new candidate genes for autism spectrum disorder. *Nature Neuroscience, 20*(4), 602-611.

Tutoría inclusiva y personalizada en la educación universitaria: Un enfoque hacia el TEA

M Gloria Gallego-Jiménez

Introducción

La educación inclusiva impulsa a las sociedades a defender el derecho universal a la educación, garantizando que esta sea integral, auténtica y significativa. Su fundamento radica en principios como la equidad, el desarrollo pleno de la persona como ser valioso y el respeto a la diversidad individual.

En este sentido, la educación, por su naturaleza inclusiva, está destinada a todas las personas sin distinción, ya que su primera justificación radica en la dignidad inherente de cada individuo. Por ello, es esencial que los profesionales y agentes educativos trabajen en conjunto, asegurando que las necesidades del alumnado sean atendidas desde una perspectiva que valore y respete su singularidad.

La educación inclusiva ha evolucionado para atender la diversidad del alumnado en las aulas universitarias, destacando la importancia de estrategias que garanticen el acceso equitativo al aprendizaje, ya que supone la integración de todo tipo de alumnado. En este contexto, la tutoría inclusiva adquiere un rol fundamental para adaptar el proceso educativo a las necesidades específicas de los estudiantes con TEA. Sin embargo, el concepto de inclusión precisa alguna aclaración más en su terminología concreta.

El concepto de inclusión en la educación superior, en concreto, se ha ampliado para considerar cómo las estrategias pedagógicas pueden adaptarse a las necesidades neurodivergentes. La tutoría inclusiva, basada en la educación personalizada y el acompañamiento continuo, es un recurso fundamental para la integración de estudiantes con TEA en la Universidad. Sin embargo, la eficacia de esta estrategia depende del conocimiento del docente sobre el TEA y de la capacidad de implementar herramientas basadas en la neuroeducación para potenciar las funciones ejecutivas de estos estudiantes.

Por este motivo, se quiere presentar en este capítulo la importancia del marco teórico de la tutoría inclusiva que se ha podido recoger junto con un *focus group* llevado a cabo con tres alumnos universitarios que presentan un TEA.

Marco teórico

En el año 2030, alrededor de 84 millones de niños y jóvenes permanecerán fuera del sistema escolar, mientras que aproximadamente 300 millones de estudiantes no alcanzarán las competencias fundamentales en aritmética y alfabetización, lo que limitará sus oportunidades de desarrollo personal y profesional.

La educación constituye un eje fundamental para la consecución de múltiples Objetivos de Desarrollo Sostenible (ODS): «Garantizar una educación inclusiva, equitativa y de calidad y promover oportunidades de aprendizaje durante toda la vida para todos». Esto implica, en cierta manera, facilitar herramientas clave para romper el ciclo de pobreza, reducir desigualdades y promover la equidad de género.

La educación inclusiva concepto algo amplio que actualmente sigue en debate, ya que supone un punto clave para comprender que cualquier fenómeno vinculado a la Educación posee una complejidad intrínseca que no puede reducirse a respuestas simples. En este sentido, Ocampo (2022) pone en cuestión la claridad conceptual de la «educación inclusiva», señalando que: «a pesar de que este sea un campo altamente difundido a nivel mundial y ratificado por un gran número de Estados-nación (. . .) enfrenta entre sus múltiples tensiones la obstrucción relativa a su índice de singularidad» (p. 3).

Desde esta perspectiva, el autor concluye que la educación inclusiva debe ser entendida como un «proyecto de conocimiento en resistencia» frente a las diversas disciplinas que intentan definir y delimitar su significado dentro de sus propios marcos interpretativos. Asimismo, existe otros estudios y, en concreto, un autor, Wigdorovitz (2008), quien sostiene que la inclusión: «va mutando con cada contexto teórico (. . .) según la profundidad de los problemas de los contextos sociales en los que se postula como objetivo» (p. 2).

En concordancia con esta postura, en una investigación posterior, el mismo autor argumenta que una auténtica educación inclusiva debe concebirse como un proceso dinámico y complejo de transformación del mundo en el que vivimos con implicaciones tanto ontológicas como políticas y epistemológicas. De esta forma, se exigen nuevas formas de pensamiento que permitan abordar y comprender la multiplicidad de problemas, estructuras cambiantes y conexiones fluidas que caracterizan su desarrollo constante (Ocampo, 2022).

Sin embargo, existe unanimidad en comprender que la educación inclusiva abarca la aceptación e integración de todo estudiante independientemente de su procedencia, raza, cultura, etnia o cualquier otro aspecto que pudiese ser rechazado. En España, uno de los estudios realizados por Casanova (2017) menciona que la educación inclusiva consigue la incorporación de estudiantes con necesidades educativas especiales (NEE) a centros educativos ordinarios. En el año 1985 empezó a utilizarse bajo el término de «integración», refiriéndose principalmente a alumnos con algún tipo de discapacidad.

Marchesi (2022), en concreto, identifica tres tipos de integración: física, social y funcional. La integración física se refiere a la presencia de una unidad específica dentro del centro ordinario, aunque con una interacción limitada a espacios comunes como el patio o el comedor, es más un tema de espacios físicos muy en la línea del Diseño Universal que adaptaron a nivel arquitectónico y que posteriormente, se vería en espacios concretos de colegios, institutos y universidades. La integración social implica compartir actividades comunes, como juegos y actividades, promoviendo una mayor convivencia para facilitar a aquellos alumnos que presentaban algún rasgo que le costase a nivel social. En este campo se podría mencionar, entre otros, al alumnado TEA. Finalmente, la integración funcional se caracteriza por la participación parcial o total en las aulas ordinarias, permitiendo al alumnado compartir actividades comunes con las adaptaciones necesarias más enfocadas en colegios e institutos, pero no en universidades.

El Informe Warnock (1979) introdujo el concepto de NEE dentro de un modelo comprensivo, que proponía atender la diversidad desde un enfoque continuo de necesidades y apoyos, tanto puntuales como permanentes, a lo largo de la escolarización. Este enfoque buscaba deshacer las categorías rígidas que tradicionalmente etiquetaban las diferentes deficiencias (Marchesi, 2022). Esta propuesta representó un avance significativo al cuestionar los modelos existentes de educación especial. Este estudio reconoce que el concepto de NEE no logró transformar completamente los esquemas educativos vigentes. Sin embargo, el Informe Warnock tuvo el mérito de generar un cambio de paradigma, abriendo el camino hacia una nueva concepción de la inclusión educativa donde existen algunos casos de alumnos TEA que se incluirían en este campo de NEE y ser integrados en las aulas ordinarias (Marchesi, 2022).

En los últimos años, el diagnóstico del Trastorno del Espectro Autista (TEA) ha aumentado de manera significativa. Este crecimiento se debe, en parte, a una mayor concienciación social y a la evolución de los criterios utilizados para su identificación. Diversos estudios en el ámbito de la medicina, la psiquiatría y la psicología han señalado que, en España, la cantidad de diagnósticos de TEA se ha cuadruplicado en la última década.

Actualmente, se estima que más de 450.000 personas en España presentan TEA, lo que equivale aproximadamente al 1 % de la población. El *Manual Diagnóstico y Estadístico de los Trastornos Mentales* (DSM-5), principal referente en el ámbito de la salud mental establece tres niveles de apoyo para el TEA: el nivel 1, que requiere asistencia moderada; el nivel 2, que implica una necesidad considerable de apoyo; y el nivel 3, que demanda un nivel de ayuda muy elevado. Además, el diagnóstico puede ir acompañado de especificaciones adicionales, como la presencia de discapacidad intelectual o dificultades en el desarrollo del lenguaje (Bertelli *et al.*, 2025). Cabe destacar que muchas personas no reciben una evaluación hasta la edad adulta, siendo las mujeres el grupo con más probabilidades de experimentar un diagnóstico tardío.

Es importante señalar que el DSM-5, al ser la principal herramienta diagnóstica en psiquiatría y medicina para los trastornos mentales, introdujo una modificación relevante al integrar dentro de un solo diagnóstico diversas categorías previas, como el síndrome de Asperger y el trastorno generalizado del desarrollo no especificado (Quero y Cañete, 2022). Este cambio buscó reflejar mejor la naturaleza continua del TEA y fomentar un enfoque más inclusivo. Sin embargo, también ha generado debate sobre si esta ampliación del espectro responde a una realidad biológica concreta o si, por el contrario, es consecuencia de criterios más flexibles y menos precisos (Mottron y Bzdok, 2020).

A nivel general el TEA se caracteriza por dificultades en la comunicación social, patrones de comportamiento repetitivos y diferencias en el procesamiento cognitivo. Según la *American Psychiatric Associaton* (2013), el TEA se caracteriza por la presencia de dos síntomas: déficits persistentes en la comunicación y en la interacción social. En algunos casos, se puede presentar poco o nulo interés en establecer relaciones sociales, mientras que en otros se puede manifestar deseo en la interacción social que se ve dificultado por el déficit en la comprensión de normas sociales (Page *et al.*, 2020). En cuanto a las alteraciones en la comunicación, puede producirse desde una ausencia total del hablar verbal, hasta un buen desarrollo del lenguaje oral, pero con alteraciones en la interacción recíproca (López *et al.*, 2009).

Sin embargo, la forma en que estas características impactan en el ámbito académico varía según el tipo de TEA. En concreto, se suele diferenciar dos tipos concretos: el TEA idiopático que suelen presentar habilidades cognitivas normotípicas o incluso superiores, con un procesamiento visoespacial y memorístico altamente desarrollado (Mottron *et al.*, 2006). En contraste, los estudiantes con TEA sindrómico suelen mostrar una mayor asociación con discapacidad intelectual y dificultades significativas en funciones ejecutivas, como la flexibilidad cognitiva, la inhibición de respuestas y la planificación de tareas (Ozonoff, 2018).

Investigaciones previas (Barnhill, 2016; Charman *et al.*, 2017) han demostrado que la formación del docente en TEA mejora la comprensión de las necesidades específicas de estos estudiantes, reduciendo barreras en el acceso y permanencia en la educación superior. Un conocimiento insuficiente sobre las diferencias entre los subtipos del TEA puede llevar a la aplicación de estrategias pedagógicas inadecuadas, afectando negativamente el desempeño académico y la inclusión efectiva de estos estudiantes. Por ejemplo, docentes que consideran que los estudiantes con TEA idiopático no requieren adaptaciones pueden omitir estrategias de apoyo esenciales, como el uso de horarios visuales o la segmentación de tareas (Kuder, & Accardo, 2018). De manera similar, aquellos con percepciones erróneas sobre la capacidad de aprendizaje de estudiantes con TEA sindrómico pueden subestimar su potencial, reduciendo las oportunidades de aprendizaje significativo (Pellicano *et al.*, 2017).

Una percepción limitada del TEA puede generar barreras adicionales para el aprendizaje, mientras que un enfoque basado en la evidencia permite mejorar la planificación de la tutoría personalizada y el acompañamiento individualizado. En este sentido, investigaciones recientes (Fleury *et al.*, 2019) han destacado la importancia de la formación docente en estrategias específicas para la enseñanza de estudiantes con TEA, tales como el diseño universal para el aprendizaje (DUA) y el uso de tecnologías de apoyo en el aula.

Por este motivo, se ha querido recoger los datos que tenía el alumnado en la tutoría inclusiva junto con un *focus group* realizado con tres alumnos TEA que están en la facultad para ver qué percepción tenían ellos y qué aspectos se tendrían que retomar.

Objetivos

- Analizar las respuestas del cuestionario validado aplicado a un alumnado concreto de la Universidad.
- Recoger los datos del *focus group* con alumnado TEA con relación a la satisfacción con la organización y contenidos de la tutoría que hacían referencia al cuestionario validado.

Metodología

La metodología utilizada fue con un enfoque mixto combinando técnicas cuantitativas y cualitativas con el objetivo de obtener una comprensión integral del fenómeno estudiado. En la fase cuantitativa, se aplicó una parte de un cuestionario previamente validado, diseñado para recopilar información estructurada sobre las percepciones y experiencias de los participantes. Y, en la fase cualitativa, se llevó a cabo un *focus group* realizado con tres estudiantes universitarios que tienen TEA y que quisieron participar abiertamente. Esta técnica permitió generar un espacio de diálogo en el que los participantes pudieron expresar sus opiniones y experiencias en un contexto de interacción grupal, favoreciendo la construcción colectiva del conocimiento.

Diseño del estudio:

Se realizó un estudio cuantitativo con estudiantes de los Grados de Educación Infantil, Primaria, Doble Grado de Infantil y Primaria, y Doble Grado de Primaria y Humanidades de la Universidad San Pablo CEU pasando un cuestionario. El propósito principal fue evaluar la efectividad de la tutoría universitaria inclusiva en la mejora académica y personal de todos los estudiantes. Asimismo, en la parte cualitativa se analizó las respuestas realizadas en el *focus group* por tres alumnos que tienen TEA.

Participantes:

La muestra estuvo compuesta por 48 estudiantes de 1o a 2o curso de los Grados mencionados, aunque el número de alumnos matriculados era superior. Se recogieron datos sociodemográficos, destacando que todos los participantes residen en Madrid. El cuestionario diseñado por Cusó *et al.* (2015), centrado en la satisfacción del estudiante con la tutoría universitaria.

En cuanto a la inclusión de estudiantes con TEA, se llevó a cabo un *focus group* de forma anónima y abierta porque quisieron participar. No se releva de qué grados pertenecen para cumplir mejor su anonimidad, ellos no participaron del cuestionario para reflejar mejor la veracidad de los datos.

Instrumento de medición:

El cuestionario consta de 22 ítems distribuidos en dos dimensiones: satisfacción con el tutor y satisfacción con la organización y contenidos de la tutoría. En este capítulo se recoge aquellos 9 ítems concretos. Cada ítem se valoró mediante una escala Likert de 5 puntos (1 = «Nada» a 5 = «Mucho»). Se eliminaron algunos ítems del cuestionario original, siguiendo las recomendaciones del estudio de Cusó *et al.* (2015), para evitar una excesiva focalización en la cercanía personal del tutor. En concreto, estos 9 ítems versaron sobre la periodicidad de las tutorías; organización; satisfacción; asesoramiento; temas que echaron de menos; cumplimiento; suficiencia de la información académica; impacto de la tutoría académica y el tratamiento de temas relacionados con la tutoría. Asimismo, estos temas fueron tratados en el *focus group* con los tres estudiantes TEA.

Procedimiento:

Los estudiantes completaron el cuestionario de manera anónima durante una sesión programada en clase. Se explicó el objetivo del estudio y se garantizó la confidencialidad de las respuestas. Se aplicaron técnicas estadísticas descriptivas para el análisis de los datos, evaluando tanto las medias de las variables cuantitativas generales.

En relación con el *focus group* realizado de los tres estudiantes universitarios TEA se llevó a cabo con la profesora coordinadora para que se sintiesen más a gusto los alumnos y de forma voluntaria.

El estudio cumplió con las directrices éticas de la Universidad San Pablo CEU, asegurando el consentimiento informado, la voluntariedad y la confidencialidad de la participación. Los datos recopilados se utilizarán exclusivamente con fines académicos y de investigación, promoviendo la mejora continua de la tutoría universitaria bajo un enfoque inclusivo y adaptado a la neurodiversidad.

Resultados

En relación con los resultados obtenidos, se percibe una gran diferencia, ya que, por un lado, se analizan los resultados cuantitativos fruto de los 9 ítems. A continuación, se presenta dichos resultados:

- Periodicidad de las tutorías: El 0,9 % de los estudiantes se mostró insatisfecho (nada), el 1,2 % expresó estar poco satisfecho, el 9,7 % opinó que es regular y el 35,3 % consideró que está bastante bien.
- Organización de las tutorías: Un 1,1 % no estaba de acuerdo con la organización, el 4 % opina que está poco organizada, el 5,3 % la considera regular, el 24,8 % piensa que está bastante bien organizada y el 71,3 % considera que está muy bien organizada.
- Satisfacción general con la tutoría universitaria: El 0,9 % no está satisfecho, el 2 % lo está poco, el 3,3 % considera que la satisfacción es regular, el 32,7 % está bastante satisfecho y un 56,1 % se muestra muy satisfecho.

- Asesoramiento recibido en las tutorías: El 2,2 % no considera que la tutoría haya cubierto todos los temas de interés, el 9,9 % opina que es regular, el 19,7 % está bastante satisfecho y el 63,3 % está muy satisfecho con la orientación recibida.
- Temas que se echaron de menos en las tutorías: Un 51,2 % consideró que no faltaron temas a tratar, el 18,1 % opina que faltaron pocos, el 24,1 % encontró que algunos temas fueron omitidos, el 2,1 % pensó que fueron pocos los temas tratados y el 18 % considera que faltaron muchos.
- Cumplimiento de expectativas: El 0,9 % no considera que la tutoría haya cumplido sus expectativas, el 1,9 % tiene pocas expectativas satisfechas, el 3,7 % las considera regular, el 42,5 % está bastante satisfecho y el 51,7 % afirma que ha superado sus expectativas.
- Suficiencia de la información académica proporcionada: El 2 % considera insuficiente la información proporcionada, el 1,9 % la percibe como insuficiente en cierta medida, el 2,9 % la encuentra regular, el 37 % cree que la información fue bastante suficiente y el 61 % considera que fue muy adecuada.
- Impacto de la tutoría en el desarrollo académico: El 4,1 % opina que no contribuyó a su desarrollo académico, el 5 % considera que tuvo poca contribución, el 24 % la percibe como regular, el 33 % la valora como bastante positiva y el 31 % opina que tuvo un gran impacto.
- Tratamiento de temas relacionados con el desarrollo profesional en la tutoría: El 4 % considera que no se abordaron adecuadamente los temas relacionados, el 3,9 % opina que se trató poco, el 23,8 % lo valora como regular, el 33 % lo considera bastante adecuado y el 44 % cree que se trataron de forma muy completa.

De manera más gráfica y visual, se reproduce la siguiente tabla para extraer dicho contenido anteriormente mencionado:

Tabla 1. Resultados de los ítems analizados.

Categoría	Nada / No contribuyó (%)	Poco (%)	Regular (%)	Bastante (%)	Muy satisfecho / Gran impacto (%)
Periodicidad de las tutorías	0,9	1,2	9,7	35,3	-
Organización de las tutorías	1,1	4	5,3	24,8	71,3
Satisfacción general	0,9	2	3,3	32,7	56,1
Asesoramiento recibido	2,2	-	9,9	19,7	63,3
Temas que se echaron de menos	-	2,1	24,1	18,1	51,2 (No faltaron temas)
Cumplimiento de expectativas	0,9	1,9	3,7	42,5	51,7
Suficiencia de la información académica	2	1,9	2,9	37	61
Impacto en el desarrollo académico	4,1	5	24	33	31
Tratamiento de temas sobre desarrollo profesional	4	3,9	23,8	33	44

Elaboración propia.

Para comenzr, se les preguntó qué opinaban sobre la periodicidad de las tutorías, en concreto, si les resulta adecuada. Algunas de las contestaciones se recogen literalmente a continuación:

Alumno 1: «Las tutorías para mí son muy espaciadas. A veces necesito resolver dudas con rapidez, pero tengo que esperar hasta la siguiente tutoría programada. Me ayudaría mucho que hubiera más tutorías breves y flexibles».

Alumno 2: «Prefiero planificar todo con anticipación, así que si las tutorías fuera mejor que se establezcan con un cronograma fijo desde el inicio del semestre».

Alumno 3: «Yo siento que cuando finalmente tengo la tutoría, no siempre es suficiente. Me quedo con dudas porque el tiempo es muy limitado. Quizás se podrían complementar con algún canal de consulta adicional, como un foro o un correo con respuestas más rápidas sin tener que hablar».

En cuanto a la organización de las tutorías, ¿cómo perciben su estructura y el modo en que se desarrollan?, algunos de ellos comentaron:

Alumno 1: «No hay una estructura clara. Me resulta difícil saber qué esperar de cada tutoría y, a veces, me siento desorientado».

Alumno 2: «Si hubiera una lista de temas o preguntas orientativas antes de la tutoría, podría prepararme mejor y aprovechar más el tiempo pues no sé siempre de qué va a tratar».

Alumno 3: «Cuando el tutor me pregunta en qué necesito ayuda, me bloqueo y no sé por dónde empezar. Me ayudaría que comenzara con preguntas específicas o que estructurara la sesión en bloques, como aclaraciones de contenido, planificación de tareas y dudas personales».

Sobre la satisfacción general con la tutoría universitaria, en concreto, si sentían que las tutorías cumplían con sus expectativas, manifestaron que:

Alumno 1: «A veces, más que una tutoría, parece una reunión administrativa. Se habla mucho de fechas y trámites, pero no tanto del aprendizaje en sí».

Alumno 2: «El tema de hacer preguntas en tutoría porque no sé si serán bien recibidas o si estoy ocupando demasiado tiempo. A veces siento que no es un espacio realmente accesible para mí».

Alumno 3: «Para mí, la tutoría es útil pero insuficiente. Siento que los tutores no siempre están preparados para atender a estudiantes con necesidades diversas».

En cuanto al asesoramiento recibido en las tutorías, la pregunta planteada fue si sentían que realmente les orientan en el aspecto académico. A continuación, se extraen algunas de esas respuestas.

Alumno 1: «Depende del tutor. Algunos realmente se preocupan por dar explicaciones detalladas y adaptar la información a lo que necesitamos, otros les cuesta hacerse a lo que lo que quiero preguntarle».

Alumno 2: «A veces llego con muchas preguntas y salgo con las mismas dudas porque el tutor da respuestas muy generales».

Alumno 3: «En mi caso, siento que el asesoramiento se centra mucho en lo académico, pero no en lo emocional. Me vendría bien que también hablaran de estrategias para manejar la ansiedad o la sobrecarga sensorial en la universidad».

En relación con los temas qué echaron de menos a tratar en las tutorías reflejaron los siguientes comentarios:

Alumno 1: «Sí, estrategias de organización y gestión del tiempo. Para mí, seguir el ritmo de la universidad es complicado, y nunca se habla de eso en tutoría».

Alumno 2: «A mí me gustaría que hablaran sobre cómo gestionar la carga de lectura y estudio, porque a veces me cuesta procesar tanta información».

Alumno 3: «Me hubiera gustado que explicaran más sobre herramientas tecnológicas que pueden ayudarnos en el aprendizaje, como programas de dictado o aplicaciones para organizar tareas».

Sobre la suficiencia de la información académica proporcionada se les preguntó si consideraban que recibían la información necesaria en tutoría, comentaron:

Alumno 1: «No siempre. Algunas cosas las descubro tarde porque no se explicaron bien en tutoría».

Alumno 2: «Creo que la información está, pero no siempre se presenta de manera clara o accesible».

Alumno 3: «Depende del tutor. Algunos explican bien, pero otros asumen que ya sabemos todo y no aclaran lo suficiente».

En cuanto al impacto de la tutoría en su desarrollo académico y profesional, se recogieron las siguientes respuestas:

Alumno 1: «Académicamente, ha sido un apoyo, aunque mejorable. Profesionalmente, creo que no me ha ayudado mucho porque no se habla de nuestras opciones futuras».

Alumno 2: «Me gustaría que en tutoría se hablara más sobre nuestras oportunidades después de la universidad, como becas o accesibilidad en el empleo».

Alumno 3: «Sí, la tutoría debería incluir más información sobre el futuro profesional. A veces siento que, como estudiante con TEA, me enfrento a más barreras y no sé cómo prepararme para ellas».

De manera esquemática, a continuación, se presentan los resultados de los tres estudiantes de TEA de diferentes grados de la Universidad.

Tabla 2. Resultados del *focus group.*

Categoría	Alumno	Comentario
Periodicidad de las tutorías	Alumno 1	Las tutorías para mí son muy espaciadas. A veces necesito resolver dudas con rapidez, pero tengo que esperar hasta la siguiente tutoría programada. Me ayudaría mucho que hubiera más tutorías breves y flexibles.
	Alumno 2	Prefiero planificar todo con anticipación, así que sería mejor que se establezcan con un cronograma fijo desde el inicio del semestre.
	Alumno 3	Yo siento que cuando finalmente tengo la tutoría, no siempre es suficiente. Me quedo con dudas porque el tiempo es muy limitado. Quizás se podrían complementar con algún canal de consulta adicional, como un foro o un correo con respuestas más rápidas.

Organización de las tutorías	Alumno 1	No hay una estructura clara. Me resulta difícil saber qué esperar de cada tutoría y, a veces, me siento desorientado.
	Alumno 2	Si hubiera una lista de temas o preguntas orientativas antes de la tutoría, podría prepararme mejor y aprovechar más el tiempo.
	Alumno 3	Cuando el tutor me pregunta en qué necesito ayuda, me bloqueo y no sé por dónde empezar. Me ayudaría que comenzara con preguntas específicas o que estructurara la sesión en bloques.
Satisfacción general	Alumno 1	A veces, más que una tutoría, parece una reunión administrativa. Se habla mucho de fechas y trámites, pero no tanto del aprendizaje en sí.
	Alumno 2	Me cuesta hacer preguntas en tutoría porque no sé si serán bien recibidas o si estoy ocupando demasiado tiempo. A veces siento que no es un espacio realmente accesible para mí.
	Alumno 3	Para mí, la tutoría es útil, pero insuficiente. Siento que los tutores no siempre están preparados para atender a estudiantes con necesidades diversas.
Asesoramiento recibido	Alumno 1	Depende del tutor. Algunos realmente se preocupan por dar explicaciones detalladas y adaptar la información, pero otros no se ajustan a lo que pregunto.
	Alumno 2	A veces llego con muchas preguntas y salgo con las mismas dudas porque el tutor da respuestas muy generales.
	Alumno 3	Siento que el asesoramiento se centra mucho en lo académico, pero no en lo emocional. Me vendría bien que también hablaran de estrategias para manejar la ansiedad o la sobrecarga sensorial.
Temas que se echaron de menos	Alumno 1	Estrategias de organización y gestión del tiempo. Seguir el ritmo de la universidad es complicado, y nunca se habla de eso en tutoría.
	Alumno 2	Me gustaría que hablaran sobre cómo gestionar la carga de lectura y estudio, porque a veces me cuesta procesar tanta información.
	Alumno 3	Hubiera sido útil recibir información sobre herramientas tecnológicas que nos ayuden en el aprendizaje, como programas de dictado o aplicaciones para organizar tareas.

	Alumno 1	No siempre. Algunas cosas las descubro tarde porque no se explicaron bien en tutoría.
Suficiencia de la información	Alumno 2	Creo que la información está, pero no siempre se presenta de manera clara o accesible.
	Alumno 3	Depende del tutor. Algunos explican bien, pero otros asumen que ya sabemos todo y no aclaran lo suficiente.
	Alumno 1	Académicamente, ha sido un apoyo, aunque mejorable. Profesionalmente, no me ha ayudado mucho porque no se habla de nuestras opciones futuras.
Impacto en el desarrollo académico y profesional	Alumno 2	Me gustaría que en tutoría se hablara más sobre nuestras oportunidades después de la universidad, como becas o accesibilidad en el empleo.
	Alumno 3	La tutoría debería incluir más información sobre el futuro profesional. Como estudiante con TEA, siento que me enfrento a más barreras y no sé cómo prepararme para ellas.

Elaboración propia.

Conclusión

El estudio resalta la importancia de la tutoría inclusiva como herramienta clave para la integración de estudiantes con TEA en la educación universitaria.

El presente estudio ha permitido evaluar la efectividad de la tutoría universitaria inclusiva en la mejora académica y personal de los estudiantes de los Grados de Educación Infantil, Primaria, Doble Grado de Infantil y Primaria, y Doble Grado de Primaria y Humanidades en la Universidad San Pablo CEU. A partir de un enfoque mixto, se analizaron tanto las percepciones cuantitativas de los estudiantes en general como las experiencias cualitativas de tres estudiantes con TEA, proporcionando una visión integral sobre la organización, utilidad e impacto de la tutoría universitaria.

Los resultados cuantitativos reflejan una evaluación mayoritariamente positiva en aspectos como la organización de las tutorías (71,3 % la considera muy bien organizada) y la satisfacción general con la tutoría (56,1 % muy satisfecho). Asimismo, el 63,3 % de los encuestados afirmó estar muy satisfecho con el asesoramiento recibido, y el 61 % consideró que la información proporcionada fue suficiente. No obstante, existen áreas de mejora, como la inclusión de temas de interés no abordados en las tutorías (24,1 % de los estudiantes identificaron algunos temas omitidos) y la percepción sobre el impacto en el desarrollo profesional (solo el 44 % consideró que los temas relacionados con la trayectoria profesional fueron tratados de manera muy completa).

El análisis cualitativo, basado en el *focus group* con estudiantes con TEA, reveló retos específicos en la estructura y metodología de la tutoría universitaria. Los participantes expresaron la necesidad de mayor flexibilidad en la periodicidad de las tutorías, así como la implementación de estrategias de apoyo complementarias, como foros o canales de consulta rápida. También se destacó la importancia de estructurar mejor las sesiones, proporcionando listas de temas previas y facilitando un ambiente más accesible para la formulación de preguntas.

En cuanto al contenido de las tutorías, los estudiantes con TEA identificaron la falta de asesoramiento sobre estrategias de organización del tiempo, manejo de la carga académica y herramientas tecnológicas de apoyo. Asimismo, subrayaron la necesidad de abordar aspectos emocionales y estrategias para afrontar la ansiedad y la sobrecarga sensorial en el entorno universitario. Además, manifestaron la falta de información sobre su futuro profesional, incluyendo oportunidades de empleo y accesibilidad en el mercado laboral.

En síntesis, este estudio pone de manifiesto la relevancia de una tutoría universitaria que no solo atienda las necesidades académicas de los estudiantes, sino que también contemple un enfoque inclusivo y adaptado a la diversidad. Se recomienda la implementación de estrategias que favorezcan una tutoría más estructurada, flexible y accesible para estudiantes con TEA, así como la incorporación de temáticas relacionadas con el desarrollo personal y profesional. Estas mejoras podrían contribuir significativamente a una experiencia educativa más equitativa y enriquecedora para todos los estudiantes.

Bibliografía

Barnhill, G. P. (2016). Supporting students with Asperger syndrome on college campuses: Current practices. *Focus on Autism and Other Developmental Disabilities, 31*(1), 3-15. https://doi.org/10.1177/1088357614523121

Charman, T., Pickles, A., Simonoff, E., Chandler, S., Loucas, T., & Baird, G. (2017). IQ in children with autism spectrum disorders: Data from the Special Needs and Autism Project (SNAP). *Psychological Medicine, 41*(3), 619-627. https://doi.org/10.1017/S0033291710000991

Fleury, V. P., Hedges, S., Hume, K., Browder, D. M., Thompson, J. L., Fallin, K., & Vaughn, S. (2019). Addressing the academic needs of adolescents with autism spectrum disorder in secondary education: A systematic review of the literature. *Remedial and Special Education, 36*(2), 89-103. https://doi.org/10.1177/0741932514558949

Genovese, A., & Butler, M. (2020). Understanding cognitive variability in autism spectrum disorder: A review of research on executive functions. *Journal of Autism and Developmental Disorders, 50*(3), 1021-1035. https://doi.org/10.1007/s10803-019-04290-6

Kasari, C., & Smith, T. (2013). Interventions in schools for children with autism spectrum disorder: Methods and recommendations. *Autism, 17*(3), 254-267. https://doi.org/10.1177/1362361312470496

Kuder, S. J., & Accardo, A. (2018). What works for college students with autism spectrum disorder? A systematic review of the literature. *Journal of Autism and Developmental Disorders, 48*(3), 822-831. https://doi.org/10.1007/s10803-017-3434-2

López, S., Rivas, R., y Toboada, E. (2009). Revisiones sobre el autismo. *Revista Latinoamérica de Psicología, 41* (3), 555-570.

Mottron, L., Dawson, M., Soulieres, I., Hubert, B., & Burack, J. (2006). Enhanced perceptual functioning in autism: An update, and eight principles of autistic perception. *Journal of Autism and Developmental Disorders, 36*(1), 27-43. https://doi.org/10.1007/s10803-005-0040-7

Ocampo González, A. (2022). Epistemología de la educación inclusiva. *Magis, Revista internacional de investigación en educación, 15*(), 1-32. DOI: 10.11144/Javeriana.m15.eeia

Ozonoff, S. (2018). Executive function and autism spectrum disorders: A research update. Frontiers in Human Neuroscience, 12, 471. https://doi.org/10.3389/fnhum.2018.00471

Page, S. D., Souders, M. C., Kral, T. V. E., Chao, A. M., & Pinto-Martin, J. (2022). Correlates of Feeding Difficulties among Children with Autism Spectrum Disorder: A Systematic Review. *Journal of Autism and Developmental Disorders, 52*(1), 255-274.

Pellicano, E., Hill, V., Croydon, A., Greathead, S., Kenny, L., & Yates, R. (2017). My school, my family, my life: Telling it like it is. A study of the experiences of children and young people with autism. *Autism, 21*(2), 133-144. https://doi.org/10.1177/1362361315580857

Quero, F. J. P., & Cañete, L. I. (2022). Funciones ejecutivas en TEA: Análisis de variables contextuales en el desarrollo. *Revista de Discapacidad, Clínica y Neurociencias, 9*(1), 1-14.

Romero, J., & Suelves, D. M. (2021). Efectividad de las intervenciones en funciones ejecutivas en alumnado con trastorno del espectro autista: Una revisión bibliográfica. *ReiDoCrea: Revista Electrónica de Investigación y Docencia Creativa, (10),* 1-15.

Bloque IV

Estrategia, tecnología y enfoque universales para la inclusión

IV. Estrategia, tecnología y enfoque universales para la inclusión

Este cuarto bloque cierra el monográfico con una mirada prospectiva y aplicada, centrada en **las estrategias pedagógicas, los avances tecnológicos y los enfoques universales que hoy configuran el horizonte de la educación inclusiva.** En un contexto de transformación digital y creciente conciencia sobre la diversidad del alumnado, se hace imprescindible integrar herramientas innovadoras que permitan garantizar el acceso, la participación y el aprendizaje significativo para todos los estudiantes.

El primer capítulo de este bloque aborda el **Diseño Universal para el Aprendizaje (DUA)** como una propuesta metodológica de gran potencia inclusiva, especialmente cuando se apoya en el uso estratégico de recursos digitales. Desde esta perspectiva, se presentan **principios y herramientas que permiten anticipar las barreras al aprendizaje** y responder de manera flexible a las distintas formas de percibir, procesar y expresar el conocimiento. El DUA no solo promueve la accesibilidad, sino que **fomenta una cultura educativa centrada en la equidad, la personalización y la autonomía del estudiante.**

En segundo lugar, se introduce una reflexión pionera sobre el papel de la **inteligencia artificial y la neurotecnología en la atención temprana,** destacando su potencial para apoyar procesos de diagnóstico, intervención y seguimiento desde edades muy tempranas. Se plantea una visión crítica y fundamentada sobre el uso ético, informado y pedagógicamente orientado de estas tecnologías emergentes, entendidas como **aliadas de una neuroeducación inclusiva que aspira a ser cada vez más eficaz, anticipativa y centrada en la persona.**

Este bloque, en su conjunto, proyecta una **educación del futuro anclada en valores inclusivos, sostenida por la evidencia científica y potenciada por la innovación tecnológica.** Representa, por tanto, el cierre coherente de un recorrido que parte de los fundamentos teóricos para culminar en las prácticas transformadoras que la escuela y la universidad del siglo XXI requieren con urgencia.

Diseño Universal para el Aprendizaje (DUA) apoyado en recursos digitales como oportunidad educativa para la inclusión

María Ángeles Diego Mantecón, Mónica Bonilla-del-Río,
Naima Bhana-López y Rosa García-Ruiz

Introducción

El Foro Mundial sobre la Educación hace un llamado a Gobiernos y organismos internacionales para que se comprometan con una educación inclusiva y de calidad para todos. Así se recoge en la Ley Orgánica 3/2020, del 29 de diciembre, por la que se modifica la Ley Orgánica 2/2006, de 3 de mayo, de Educación (LOMLOE), que establece que todos los estudiantes, incluidos aquellos con Necesidades Educativas Especiales, tengan derecho a una educación inclusiva. Una educación en un entorno ordinario con los apoyos necesarios, que garantice la igualdad de oportunidades y el derecho de todos los alumnos a participar en el currículo común, adaptando los métodos de enseñanza y los criterios de evaluación para garantizar la accesibilidad y la equidad educativa.

La diversidad en el aula es una realidad en el panorama educativo actual, exigiendo enfoques pedagógicos flexibles y accesibles para todos los estudiantes. En este sentido, el Diseño Universal para el Aprendizaje (DUA) se presenta como un modelo que contribuye a construir un sistema educativo más justo y accesible, ya que se caracteriza por promover la equidad en el aprendizaje al ofrecer múltiples formas de representación, expresión y compromiso (CAST, 2018a). Este capítulo explora los fundamentos del DUA, su relación con la inclusión educativa y su base en la neurociencia, proporcionando estrategias para su implementación en el aula.

DUA, inclusión y neurociencia

El Diseño Universal (DU) es un concepto originario del campo de la arquitectura, cuyo principal precursor fue el arquitecto Mace (1985). El objetivo del DU es diseñar entornos accesibles para todas las personas, no solo para aquellas con algún tipo de discapacidad, abarcando también los entornos educativos (Cortés Díaz *et al.*, 2021).

El DUA, que adoptó e integró los principios del DU en el currículo, fue desarrollado por el Centro de Tecnología Especial Aplicada o *Center for Applied Special Technology* (CAST) por sus siglas en inglés, y se basa en la idea de que la educación debe ser accesible desde el diseño inicial (Rose y Meyer, 2002). Este supone un marco científicamente sólido y fiable para orientar la práctica educativa, puesto que aporta flexibilidad en la forma de presentar la información, en la manera en la que el alumnado demuestra conocimiento y habilidades, y en el modo en que interactúan (Ruiz Rodríguez, 2019).

Orkwis y McLane (1998) definieron el DUA como el diseño de materiales y actividades didácticas que facilitan el acceso a los objetivos de aprendizaje a personas con diversas habilidades para ver, oír, hablar, moverse, leer, escribir, entender el inglés, mantener la atención, organizarse, participar y recordar. El objetivo principal del DUA es ofrecer igualdad de oportunidades educativas al animar a los docentes a favorecer la representación, expresión y compromiso para todos los estudiantes (CAST, 2022). Según Quinzo Guevara *et al.* (2024), el DUA se fundamenta en tres principios que facilitan la creación de entornos educativos accesibles. Estos principios son: proporcionar múltiples medios de representación (el qué del aprendizaje), ofrecer diversas formas de acción y expresión (el cómo del aprendizaje), y fomentar múltiples medios de compromiso (el porqué del aprendizaje) (CAST, 2018b).

La inclusión educativa se originó en el ámbito de la educación general en Estados Unidos, con el objetivo de integrar a los niños con discapacidades en las escuelas ordinarias (Cortés Díaz *et al.*, 2021). Actualmente, esta se ha consolidado como un elemento clave en las políticas y prácticas pedagógicas a nivel mundial, como resultado de los esfuerzos cada vez mayores para eliminar las barreras que enfrentan los estudiantes con discapacidades o aquellos que se encuentran en situaciones de vulnerabilidad (Quinzo Guevara *et al.*, 2024). Así se recoge a través del Objetivo 4 en la Agenda 2030 para el Desarrollo Sostenible, el cual establece la meta de garantizar una educación inclusiva, equitativa y de calidad, para todos, promoviendo oportunidades de aprendizaje a lo largo de la vida, basándose en los derechos humanos, la justicia social y la paz (ONU, 2015). En este sentido, el DUA está alineado con legislaciones internacionales como la Convención sobre los Derechos de las Personas con Discapacidad (ONU, 2006) y con políticas nacionales como la Ley Orgánica de Educación en España (LOMLOE, 2020), que enfatizan la educación inclusiva como un derecho fundamental. Además, según Rose y Meyer (2002), es la rigidez de los métodos de enseñanza y los materiales educativos lo que origina barreras para el aprendizaje, más que las limitaciones propias de los estudiantes.

En la actualidad, la neurociencia cognitiva proporciona un marco integral basado en el conocimiento sobre el funcionamiento del cerebro durante el aprendizaje, lo cual permite crear entornos educativos que beneficien a todos los estudiantes (Ruiz Rodríguez, 2019). En concreto, la neurociencia tiene como objeto de estudio el sistema nervioso, y cómo la actividad cerebral se relaciona con el aprendizaje y la conducta (Salas Silva, 2003).

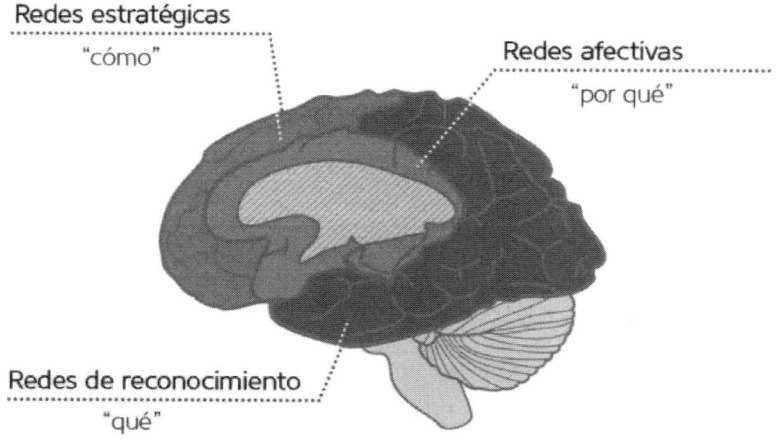

Figura 1. DUA y el cerebro que aprende. Tomada de Diseño universal para el aprendizaje: estrategias para un aprendizaje para todos, por E. Ruiz Rodríguez, 2019, *Revista Síndrome de Down*, 36, pp. 11-15.

El DUA se ha inspirado en los avances que se han producido en las últimas décadas en el estudio del cerebro humano (Ruiz Rodríguez, 2019) y los tres principios en los que se sustenta se alinean con áreas específicas del cerebro; la representación se alinea con las redes de reconocimiento, promueve el «qué» del aprendizaje, englobando la percepción, el lenguaje y la comprensión. La expresión, alineada con las redes estratégicas, favorece el «cómo» del aprendizaje, integrando la acción física, la comunicación y las funciones ejecutivas. El compromiso está relacionado con las redes afectivas, es decir, el «por qué» del aprendizaje, incluyendo el interés, el esfuerzo, la persistencia y la autorregulación (Almeqdad *et al.*, 2023). Este enfoque, basado en principios de neurociencia cognitiva y educativa, se fundamenta en la idea de que no hay una única manera ideal de aprender. Por lo tanto, resulta esencial proporcionar diversas formas de representación, acción, expresión y compromiso para atender las diferencias individuales (CAST, 2018a). Al diseñar entornos de aprendizaje que consideren estas diferencias neurocognitivas, el DUA favorece el acceso a la información y la participación activa de todos los estudiantes, incluyendo aquellos con Trastornos del Espectro Autista (TEA), dislexia o déficit de atención (Hall *et al.*, 2012). El concepto de neurovariabilidad o neurodiversidad (Flórez, 2016) es relevante para los docentes porque nos hace recordar que los alumnos no tienen un «estilo» de aprendizaje aislado, sino que depende de muchas partes del cerebro trabajando juntas para funcionar dentro de un determinado contexto (Ruiz Rodríguez, 2019).

Análisis del potencial del DUA para la inclusión

Como se ha mencionado anteriormente, en el ámbito educativo, el DUA constituye un marco teórico y pedagógico estable que invita a los educadores a planificar desde la diversidad, anticipando posibles barreras para el aprendizaje y ofreciendo múltiples formas de acceso al mismo (CAST, 2022). Según UNICEF (2022), el DUA se basa en tres principios fundamentales que proponen favorecer la autonomía en el aprendizaje de todos los estudiantes. A partir de estos principios, CAST (2018a) establece una serie de directrices que orientan a los educadores en la aplicación del DUA:

1. Múltiples maneras de participar: Este principio se centra en generar oportunidades para que los estudiantes se involucren activamente en su aprendizaje, teniendo en cuenta sus intereses, motivaciones, contextos culturales e identidades individuales. Igualmente, promueve el desarrollo de habilidades socioemocionales, la perseverancia ante los desafíos y la autorregulación.

2. Múltiples formatos de representación: En el contexto DUA los estudiantes obtienen mayores beneficios, cuando los educadores emplean diversas estrategias de enseñanza y una amplia variedad de materiales educativos. Esto incluye utilizar diferentes

modalidades de presentación de la información (por ejemplo, materiales escritos, digitales o actividades presenciales) y comunicarse con un lenguaje accesible que promueva un entendimiento mutuo, dando lugar a la generación de aprendizaje por parte del alumnado.

3. Múltiples opciones de acción y expresión: Las personas diferimos en cuanto a la manera en las que deseamos comunicarnos y expresarnos. Este principio aboga por la flexibilización en la comunicación de ideas e invita a los educadores a fomentar el uso de diferentes formas de comunicación, como el lenguaje escrito, el oral, los medios digitales o visuales, promoviendo el uso de diferentes herramientas pedagógicas.

Como se ha mencionado a lo largo de este capítulo, el objetivo del DUA es crear un sistema educativo ausente de barreras que dificultan el aprendizaje, favorecer una enseñanza con un propósito, reflexiva, ingeniosa, estratégica, auténtica y orientada a la acción (CAST, 2022). Cabe destacar que estos principios deben considerarse en todos los elementos que componen el sistema educativo (UNICEF, 2022), no solo en el ámbito académico, sino también en la configuración del espacio escolar (como rampas, pasillos amplios, carteles en braille, materiales de juego...), las evaluaciones, y los recursos materiales (como audiolibros, libros en braille, subtítulos...). En un contexto de creciente preocupación por la equidad educativa, el DUA se presenta como una herramienta valiosa para construir aulas inclusivas, capaces de responder a la diversidad del alumnado y de garantizar oportunidades de aprendizaje significativo para todos.

El término *inclusión*, en la sociedad actual, es un concepto amplio que engloba la integración social, educativa y laboral de las personas con discapacidad, persiguiendo como objetivo fundamental la plena participación y el reconocimiento de aquellos colectivos en situación de mayor vulnerabilidad o riesgo social (Grupo Social Once, 2025). En este sentido, la inclusión educativa propone que todos los estudiantes, independientemente de sus capacidades, necesidades o características, compartan un entorno educativo común, garantizando la igualdad de oportunidades, la participación plena y el respeto a la diversidad.

En un aula inclusiva, estudiantes con diferencias neurocognitivas, intelectuales, físicas, aquellos con altas capacidades y sin discapacidad, conviven y comparten su jornada académica y social, favoreciendo un aprendizaje equitativo, respetuoso y diverso. Para poder satisfacer las necesidades de todos los estudiantes, los maestros tutores de aula trabajan conjuntamente con maestros de educación especial o pedagogos terapéuticos para adaptar y/o modificar el currículo educativo para apoyar al alumno. Los estudiantes con Necesidades Educativas Especiales reciben apoyos específicos acorde a sus características, tipo de discapacidad y requerimiento individual para favorecer su proceso de aprendizaje. En los entornos inclusivos, estos apoyos pueden ser de naturaleza académica, comunicativa y/o conductual, y se implementan con el objetivo de garantizar una participación plena y equitativa en el contexto escolar.

Estas adaptaciones curriculares pueden ser de carácter no significativo o significativo. Las primeras no modifican los objetivos educativos, sino que únicamente proporcionan apoyos para facilitar el acceso de los estudiantes con necesidades educativas al currículo. Algunos ejemplos de adaptaciones no significativas incluyen: ofrecer al estudiante tiempo extra para completar un examen, permitir que presente el material de manera oral en lugar de escrita, favorecer el uso de gráficos o recursos visuales para facilitar la comprensión y promover la utilización de herramientas accesibles, como lectores de pantalla o teclados adaptados. Por el contrario, las adaptaciones curriculares significativas, sí alteran los objetivos, contenidos, o criterios de evaluación establecidos en el currículo para cada etapa. Por ejemplo, en una clase de matemáticas estudiantes con altas capacidades trabajan en problemas algebraicos mientras que sus compañeros completan actividades de conteo.

En este sentido, se considera recomendable que las adaptaciones de tipo no significativo se apliquen de manera intencionada y planificada, ya que esto permite anticipar las necesidades del alumnado y preparar con antelación los recursos adecuados. De este modo, es posible ofrecer a todos los estudiantes diversas opciones para acceder, participar y expresarse en el proceso de aprendizaje.

El DUA, al contemplar la diversidad neurocognitiva y cultural junto con los distintos ritmos y estilos de aprendizaje de cada estudiante, se posiciona como un enfoque teórico clave para construir entornos educativos inclusivos. Este enfoque no solo atiende a alumnado con Necesidades Educativas Especiales, sino que amplía el abanico de posibilidades de aprendizaje a toda la población estudiantil.

Algunas ventajas de aulas educativas inclusivas incluyen:

1. Fomentar el desarrollo de la empatía, la solidaridad, y la sensibilidad social.
2. Establecer altas expectativas para todos los estudiantes.
3. Proporcionar modelos positivos para estudiantes con discapacidad.
4. Ofrecer ayuda adicional a estudiantes y a docentes de aulas ordinarias que quizás no tienen una formación en educación especial.
5. Facilitar una instrucción diferenciada para todos los estudiantes.

Recopilatorio de experiencias con DUA para la inclusión, apoyada en recursos digitales

En este apartado se recopilan diversas experiencias educativas que aplican los principios del DUA a través del uso de recursos digitales para fomentar la inclusión. Estas iniciativas, implementadas en distintos niveles educativos y contextos, han demostrado su eficacia en la adaptación de contenidos, la mejora de la accesibilidad y la promoción de entornos de aprendizaje equitativos. De este modo, el uso de herramientas tecnológicas, estrategias innovadoras y metodologías flexibles han incentivado resultados significativos en la participación y el rendimiento del alumnado.

	Experiencias desarrolladas en educación infantil y primaria	
Referencia	**Objetivo**	**Resultados**
UNICEF (2019a; 2019b)	La iniciativa «Libros de texto digitales accesibles para todos y todas», dirigida a la educación preescolar y los cursos iniciales de primaria, tiene como objetivo promover el acceso equitativo a la educación mediante el uso de este tipo de recursos digitales, aplicando los principios del DUA. Específicamente, se presenta un proyecto piloto y una guía que ofrece información para desarrollar libros de texto digitales accesibles para responder a las necesidades de los diferentes estudiantes. De este modo, se destaca que, como mínimo, los materiales deberían incluir funciones que promuevan la accesibilidad (lengua de signos, actividades interactivas, narraciones y audiodescripción de imágenes).	Se establecen pautas que pretenden favorecer el uso de herramientas tecnológicas en la adaptación de contenidos para promover el aprendizaje y rendimiento académico de todo el alumnado, con y sin discapacidad. El proyecto presenta resultados de estudios piloto desarrollados en cinco países (Kenia, Paraguay, Ruanda, Uganda y Nicaragua). Los hallazgos muestran que el uso de las tecnologías de apoyo transformó la experiencia escolar de niños con discapacidad, aumentando su motivación hacia la escolarización y su inclusión, equiparando el nivel de participación al nivel de los estudiantes sin discapacidad. Asimismo, se observó una mejora en los resultados de aprendizaje.
García Belloso *et al.* (2022)	Esta propuesta docente, basada en los principios del DUA, tiene como objetivo desarrollar el pensamiento computacional del alumnado del segundo ciclo de infantil mediante actividades de iniciación a la programación, las TIC y la robótica.	Un análisis DAFO destacó como aspectos positivos la innovación docente, la motivación generada por los recursos utilizados y la inclusión efectiva de las tecnologías en el aula, aunque se detectan algunos aspectos negativos como la posible falta de recursos o conocimiento tecnológico. Los hallazgos de un cuestionario aplicado a docentes en activo revelan que una gran mayoría considera la propuesta viable y que las actividades se alinean bien con los objetivos y los principios del DUA. Sin embargo, como aspectos a mejorar, algunos docentes señalaron que las actividades de iniciación a la programación podrían resultar complejas para estudiantes de 5 años, especialmente considerando la diversidad en el aula.

263

Referencia	Objetivos	Resultados
López-Vargas et al. (2024)	En esta propuesta se plantea como principal objetivo desarrollar una metodología inclusiva e innovadora basada en el DUA que facilite la adquisición de conocimientos en ciencias naturales para estudiantes con necesidades específicas cognitivas, auditivas y visuales en los niveles de educación inicial. Esta propuesta busca garantizar un aprendizaje equitativo mediante el uso de recursos digitales accesibles, metodologías adaptativas y estrategias pedagógicas flexibles que favorezcan la participación activa de todos los estudiantes.	Se evidenció mejora en el acceso a contenidos de ciencias naturales a través del uso de herramientas como vídeos con lenguaje de signos, materiales visuales, pictogramas, narraciones auditivas y simulaciones interactivas. Asimismo, se logró un incremento en la comprensión y el desarrollo de habilidades científicas del alumnado, así como mayor compromiso y motivación en el proceso de aprendizaje, lo que facilitó la inclusión y promovió un entorno educativo más accesible, equitativo y adaptado a la diversidad del aula.

Experiencias desarrolladas en educación secundaria y superior

Referencia	Objetivos	Resultados
Redondo Prieto (2020)	El proyecto «DUA TIC. Un camino hacia la inclusión» busca promover una educación inclusiva en la clase de Geografía e Historia en Educación Secundaria Obligatoria, aplicando el DUA y aprovechando el potencial de las Tecnologías de la Información y la Comunicación (TIC). A través de la adaptación de propuestas pedagógicas, materiales y metodologías innovadoras se pretende garantizar la participación de todos los estudiantes, respetando sus capacidades y necesidades individuales.	La implementación de actividades adaptadas, pictogramas, vídeos y gamificación permitió que todo el alumnado accediera a los contenidos de forma personalizada, mejorando su inclusión y fomentando la autoevaluación y coevaluación para un aprendizaje más reflexivo y colaborativo. La propuesta fomentó un ambiente de aprendizaje colaborativo y equitativo, donde tanto el alumnado con Necesidades Específicas de Apoyo Educativo (NEAE) como el resto de los estudiantes pudieron desarrollar sus habilidades y competencias de manera inclusiva.

| Down España (2021; 2023) | El objetivo del Proyecto Escuelas DU@TIC es impulsar el uso de la tecnología educativa en el alumnado mediante los principios del DUA y visibilizar su impacto. El proyecto desarrollado en colaboración con el Ministerio de Educación y Formación Profesional permite poner a disposición del alumnado con síndrome de Down recursos de apoyo tecnológico para su aprendizaje, así como material educativo accesible, con el fin de garantizar la igualdad de oportunidades educativas. Asimismo, se ofrece capacitación, herramientas, estrategias, materiales y apoyo para la implementación del DUA en las aulas tanto a asociaciones como a instituciones educativas. | En la guía se recogen experiencias llevadas a cabo con un grupo de docentes y técnicos en la formación del DUA, con la finalidad de mejorar la accesibilidad de las propuestas didácticas ofrecidas al alumnado. Se presentan, asimismo, un conjunto de actividades dirigidas a estudiantes desde la etapa de educación infantil hasta secundaria. Formación Profesional o Formación y Empleo de asociaciones Down de España. En concreto, a modo de ejemplo, se detalla una primera experiencia dirigida a 2º de la ESO, desarrollada en el área de Tecnología. Tras llevar a cabo la propuesta, los resultados evidenciaron que, a pesar de que las circunstancias no resultaron ser las más idóneas (final de curso, exámenes finales . . .), la implementación del DUA generó un impacto positivo. De este modo, se logró la concienciación del alumnado hacia su propio aprendizaje mediante la adaptación de objetivos y recursos. Además, se evidenció el interés, capacidad de trabajo y participación del alumnado. Los agentes implicados también indicaron que los recursos digitales facilitaron el proceso de enseñanza-aprendizaje. |

| Cotán Fernández, & Orozco Almario (2025) | Este estudio tiene como principal objetivo diseñar, implementar y evaluar un curso de formación dirigido a docentes universitarios acerca de la aplicación de metodologías que fomenten la participación e inclusión del alumnado, atendiendo a la diversidad. La formación se estructuró en dos grandes bloques: «1) Estrategias didácticas y metodologicas» y «2) Diseño Universal de Aprendizaje». | Los docentes manifestaron la urgencia y necesidad prioritaria de atender la diversidad en el sistema educativo a través del diseño de prácticas inclusivas. Valoraron satisfactoriamente la acción formativa en cuanto a utilidad, aprendizaje significativo e impacto transformador respecto a la organización de los procesos de enseñanza-aprendizaje. Los docentes participantes mostraron convicciones firmes y una visión positiva acerca de las oportunidades y el valor de la diversidad en las aulas. Además, destacaron barreras que pueden dificultar la inclusión como el número de alumnado matriculado o la falta de formación que garantice la accesibilidad e inclusión en su práctica docente). Respecto a las estrategias metodológicas, se mencionaron algunas tecnologías emergentes o asistidas. No obstante, se concluye la necesidad de continuar implementando acciones formativas en esta línea dirigidas al profesorado de Educación Superior para favorecer la equidad y entornos más inclusivos. |

Fuente: Elaboración propia.

Recomendaciones para docentes para potenciar los beneficios del DUA

Como se ha ido abordando en este trabajo, el DUA ofrece múltiples beneficios científicamente contrastados y demostrados, como se ha relatado en las experiencias analizadas en el apartado anterior. Aunque queda aún un largo recorrido para maximizar sus oportunidades, no cabe duda de que el DUA es una oportunidad para la mejora de la calidad educativa que requiere de un profesorado sensibilizado y comprometido con la inclusión educativa, con un conocimiento profundo de la diversidad del aula, con un interés sincero por conocer las necesidades de cada uno de sus estudiantes y con una creatividad capaz de diseñar estrategias pedagógicas flexibles.

En este sentido, para potenciar los beneficios del DUA se requiere del profesorado la capacidad de reflexionar antes, durante y después de la planificación consciente de la programación que guía su actividad profesional, que a su vez precisa de un cambio en las prácticas docentes y en los valores que se incluyen, de manera tanto implícita como explícita, en sus programaciones y propuestas didácticas.

Esta planificación consciente debe garantizar su ajuste a las necesidades, motivaciones e intereses del alumnado, de tal manera que permita la puesta en práctica de diferentes estrategias de enseñanza para poder adaptarse a los diferentes ritmos y estilos de aprendizaje de los estudiantes, garantizando, como no puede ser de otra manera, desde una mirada inclusiva, la adaptación del currículo y todos sus elementos, al estudiante y no al revés, bajo el prisma de una pedagogía centrada en el alumnado (Cortés Díaz *et al.*, 2020). Estos mismos autores, tras un estudio que analiza su inclusión en el currículo de educación primaria en España, señalan que elaborar un currículo basado en el DUA que contemple estas recomendaciones, será una oportunidad para fortalecer la participación de alumnado y familias en el currículo (Cortés Díaz *et al.*, 2022).

Hacemos referencia a la recomendación de Salido-López (2025) para que los docentes prioricen una renovación pedagógica basada en las metodologías activas, destacando el Aprendizaje Basado en Proyectos y el Aprendizaje Cooperativo, puesto que, según destaca este autor, estas metodologías favorecen precisamente el protagonismo del estudiante favoreciendo su inclusión. Al tiempo, se recomienda a los docentes el diseño de espacios educativos multimodales e integradores que favorecen el desarrollo cognitivo del alumnado, así como la participación centrada en responder a las necesidades académicas, sociales y personales del alumnado (Alba Pastor, 2022).

Las directrices para guiar a los educadores en la implementación del DUA (CAST, 2022), además de la recomendación de UNICEF (2022) para extender el DUA a todo el espacio educativo y a los recursos disponibles en los centros, destacan la relevancia de la imprescindible formación de los docentes en este enfoque para lograr una educación realmente inclusiva que garantice la igualdad de oportunidades. Finalmente, vale la pena indicar que, a modo de síntesis de este capítulo, se considera que para potenciar los beneficios del DUA en el mundo digital es recomendable que esta formación y capacitación específica debe contemplarse tanto en la formación inicial de los docentes como a lo largo de su desarrollo profesional.

Referencias

Alba Pastor, C. (Coord.) (2022). *Enseñar pensando en todos los estudiantes. El modelo de Diseño Universal para el Aprendizaje (DUA)*. Ediciones SM.

Almeqdad, Q. I., Alodat, A. M., Alquraan, M. F., Mohaidat, M. A., & Al-Makhzoomy, A. K. (2023). The effectiveness of universal design for learning: A systematic review of the literature and meta-analysis. *Cogent Education, 10*(1), 2218191. https://doi.org/10.1080/2331186X.2023.2218191

CAST (2018a). *Universal Design for Learning Guidelines, version 2.2*. CAST. https://bit.ly/4ipoVbm

CAST (2018b). *UDL and the learning brain*. Wakefield, MA. https://bit.ly/3Ejijxv

CAST (2022). About Universal Design for Learning. Center for Applied Special Technology. Universal Design for Learning CAST.

Cortés Díaz, M., Arias Gago, A. R., & Ferreira Villa, C. (2020). Fundamentos del diseño universal en el marco de la educación inclusiva desde la perspectiva internacional. En I. del Palacio, M. Álvarez-Rementería, & G. Roman. *La inclusión social y educativa como reto vital del siglo XXI: propuestas educativas* (p. 39). Universidad del País Vasco.

Cortés Díaz, M., Arias Gago, A. R., & Ferreira Villa, C. (2022). Perspectiva inclusiva en el currículo de educación primaria desde el diseño universal para el aprendizaje: un diseño comparado. *Revista española de educación comparada, 41*, 194-212. https://doi.org/10.5944/reec.41.2022.31263

Cortés Díaz, M., Ferreira Villa, C., & Arias Gago, A. R. (2021). Fundamentos del Diseño Universal para el Aprendizaje desde la perspectiva internacional. *Revista Brasileira de Educação Especial, 27.* https://doi.org/10.1590/1980-54702021v27e0065

Cotán Fernández, A., & Orozco Almario, I. C. (2025). Caminando hacia una docencia universitaria inclusiva: Experiencias e impacto de un curso de formación sobre metodologías activas y participativas. *European Public & Social Innovation Review, 10*, 1-16. https://doi.org/10.31637/epsir-2025-352

Down España (2021). *Guía de experiencias escuelas DU@TIC: Nuevas tecnologías para el diseño universal de aprendizaje.* Down España. https://n9.cl/pymtj1

Down España (2023). *Down España renueva el proyecto 'Escuelas DU@TIC' para impulsar la educación inclusiva.* Down España. https://n9.cl/l4tp4

Flórez, J. (2016). Neurodiversidad, discapacidad e inteligencias múltiples. *Revista Síndrome de Down, 33*(2), 59-64. https://n9.cl/trcly

García Belloso, A., Gutiérrez Esteban, P., & Ayuso del Puerto, D. (2022). Propuesta didáctica de iniciación a la programación en educación infantil considerando el DUA. *Revista Infancia, Educación y Aprendizaje, 8*(2), 98-115. https://doi.org/10.22370/ieya.2022.8.2.2897

Grupo Social ONCE (2025). *¿Qué es la inclusión social?* Grupo Social ONCE. https://gruposocialonce.com/b/que-es-inclusion-social

Hall, T., Meyer, A., & Rose, D. (2012). *Universal Design for Learning in the Classroom: Practical Applications.* Guilford Press.

Ley Orgánica 3/2020, de 29 de diciembre, por la que se modifica la Ley Orgánica 2/2006, de 3 de mayo, de Educación. *Boletín Oficial del Estado, 340*, de 30 de diciembre de 2020. https://n9.cl/svi0

López-Vargas, V. R., Fernández-Arteaga, A. M., Ostaiza-Cedeño, K. M., & Ostaiza-Cedeño, F. I. (2024). Diseño Universal para el Aprendizaje (DUA) en recursos digitales para la enseñanza de ciencias naturales: Una propuesta de modelo. *Polo del Conocimiento, 9*(10), 2453-2478. https://doi.org/10.23857/pc.v9i10.8248

Mace, R. (1985). *Universal Design. Barrier Free Environments for Everyone.* Designers West.

ONU (2006). *Convención sobre los Derechos de las Personas con Discapacidad.* Naciones Unidas.

ONU (2015). *Transformar nuestro mundo: La Agenda 2030 para el Desarrollo Sostenible (A/RES/70/L.1).*

Orkwis, R., & McLane, K. (1998). *A curriculum every student can use: Design principles for student access. ERIC/OSEP Topical Brief, Fall.* Council for Exceptional Children.

Quinzo Guevara, J. I., Llanos Orellana, A. R., Zamora Farias, A. D., Zarria Quinaucho, R. E., & Zarria Soto, C. P. (2024). Diseño Universal de Aprendizaje (DUA): Estrategias para la inclusión educativa. *Ciencia Latina Revista Científica Multidisciplinar, 8*(4), 10216-10240. https://doi.org/10.37811/cl_rcm.v8i4.13166

Redondo Prieto, J. L. (2020). DUA TIC. Un camino hacia la inclusión. En Instituto Nacional de Tecnologías Educativas y de Formación del Profesorado (INTEF) (Ed.), *Experiencias educativas inspiradoras (Nº 34).* Ministerio de Educación y Formación Profesional. https://bit.ly/4bMx7Rw

Rose, D., & Meyer, A. (2002). *Teaching every student in the digital age: Universal design for learning.* Association for Supervision and Curriculum Development.

Ruiz Rodríguez, E. (2019). Diseño universal para el aprendizaje: Estrategias para un aprendizaje para todos. *Revista Síndrome de Down, 36*(140), 11-22. https://n9.cl/rcabn

Salas Silva, R. (2003). La educación, ¿necesita realmente de la neurociencia? *Estudios Pedagógicos, 29*, 155-171. https://doi.org/10.4067/S0718-07052003000100011

Salido-López, P. V. (2025). Aprendizaje Basado en Proyectos Artísticos (ABP-A) y Diseño Universal para el Aprendizaje (DUA): evaluación cualitativa de un programa de intervención pedagógica en la formación inicial de docentes. *Revista de Investigación Educativa, 43*. https://doi.org/10.6018/rie.565501

UNICEF (2019a). *Libros de texto digitales accesibles para todos y todas.* Fondo de las Naciones Unidas para la Infancia. https://www.accessibletextbooks-forall.org/es

UNICEF (2019b). *Libros de texto digitales accesibles en Diseño Universal para estudiantes con y sin discapacidad.* Fondo de las Naciones Unidas para la Infancia. http://bit.ly/4jpPtLc

UNICEF (2022). *Diseño Universal para el Aprendizaje y libros de texto digitales accesibles.* https://n9.cl/b75fn

Capítulo 12

Neurotecnología y atención temprana: el papel de la inteligencia artificial en la neuroeducación inclusiva

Cristina Sánchez Romero, Pilar Gútiez Cuevas, Castellar López Guinea y Viviana Sánchez Bobadilla

Las neurociencias se están afianzando, como elemento esencial, en el ámbito de la Atención Temprana. Sus aportaciones acerca del conocimiento de las bases del desarrollo del niño, de los mecanismos que el organismo utiliza en el proceso de aprendizaje y de los cambios que se producen en las estructuras nerviosas son un elemento innovador tanto en atención temprana como para las prácticas pedagógicas inclusivas.

En esta nueva línea de intervención, la neurotecnología aplicada en el ámbito educativo y, concretamente, en las primeras etapas del desarrollo del ser humano, ha pasado a ser parte de la intervención educativa.

Conlleva nuevas posibilidades, que hacen necesario un replanteamiento de la intervención educativa, así como la inclusión de consideraciones técnicas y también éticas respecto a estos cambios, diseñados para potenciar el desarrollo neurológico y cognitivo desde edades tempranas con la utilización de métodos, estrategias, técnicas y herramientas digitales y, cada vez más, sistemas de inteligencia artificial (IA).

La IA supone una valiosa aportación, ya que, mediante el análisis de datos y la personalización de contenidos que posibilita su uso, permite adaptar las intervenciones educativas a las necesidades específicas de cada niño, optimizando su proceso de aprendizaje.

Estas tecnologías no solo estimulan, sino que también fortalecen las capacidades cognitivas, emocionales y sociales durante la infancia. En este contexto, la integración de la IA y la neurotecnología en al ámbito de la atención temprana, se está consolidando como una innovación socioeducativa, clave para promover el bienestar infantil y maximizar los beneficios del impacto de los avances tecnológicos.

Para los grupos en situación de vulnerabilidad, la incorporación de la inteligencia artificial en la neurotecnología ha marcado un antes y un después en la mejora de la calidad de vida de personas con alteraciones del desarrollo, con discapacidades neurológicas y/o físicas.

La IA facilita el diseño de programas específicos, el control y seguimiento, en tiempo real, de los progresos, ya que ofrece nuevas oportunidades para mejorar los procesos sociocomunicativos y fomenta el aprendizaje inclusivo.

Introducción

La primera infancia es una de las etapas más importantes, más complejas y con mayores repercusiones en la vida de la persona.

La posibilidad de responder a las necesidades del niño, con toda su complejidad, requiere un trabajo interdisciplinar, en el que se ven implicadas diferentes disciplinas como neurología evolutiva, la pedagogía, la psicología evolutiva, fundamentos neurobiológicos del aprendizaje, principios didácticos, etc. (Gútiez, 2005).

El proceso neurodesarrollo es complejo e incluye diferentes etapas en las que se produce la «puesta en marcha» del sistema nervioso, en el que la carga genética es especialmente significativa con relación a las funciones cognitivas y la posibilidad de que se produzcan cambios durante el desarrollo es habitual.

Es en las primeras etapas, donde encontramos un momento óptimo para favorecer el desarrollo y, con la neurociencia y la neurotecnología, orientarnos de forma rigurosa en todo el proceso.

La **atención temprana** y la educación infantil comparten características que confirman el valor de la escuela infantil como un contexto privilegiado para la atención de los menores, más aún cuando presentan dificultades en su desarrollo o de aprendizaje

La etapa 0-6 es una etapa fundamental para los alumnos con alteraciones en el desarrollo y que se corresponde con la etapa de la Educación Infantil, y en la que interviene la Atención Temprana para dar una respuesta adecuada a las necesidades de cada niño desde el mismo momento de su nacimiento.

Las características de este periodo hacen convierten su actividad en un requisito, un derecho, ya que es el momento evolutivo en el que se van a producir las adquisiciones básicas del desarrollo que, en algunos casos, no se logran por la estimulación natural espontánea, Tanto la educación infantil como la Atención Temprana son elementos esenciales para la compensación de desigualdades.

Por ello, la escuela infantil la convierte en un recurso preventivo esencial, ya que cuenta con recursos y servicios de apoyo en un contexto idóneo que facilitan todo el proceso de AT al ofrecer atención directa al niño, coordinando las intervenciones de sus profesores con las de otros profesionales (logopeda, psicomotricista, rehabilitador, profesor de apoyo, etc.).

Con su actividad se trata de evitar que los niños pierdan oportunidades que, de no producirse, provocarían un retraso mayor en su aprendizaje, en algunos casos irreversible y una vulneración de sus derechos.

La escuela infantil debe incorporar las innovaciones que aporta la neurociencia y la neuroeducación, para transformar los procesos de enseñanza aprendizaje, las actitudes docentes y el desarrollo de los menores.

La neurociencia y su impacto en la Educación

La neurociencia ha supuesto un gran impacto en el ámbito educativo, ya que aporta un referente teórico y los conocimientos sobre cómo se estructura, funciona y se desarrolla el cerebro (Barroso-Osuna, Cabero-Almenara, & Valencia Ortiz, 2020) que permiten fundamentar, desde bases científicas rigurosas, su práctica pedagógica.

El avance de la neurociencia en diversos ámbitos, junto con el uso de la neurotecnología, pone de relieve el potencial de las intervenciones tecnológicas para estimular y mejorar el desarrollo cognitivo, emocional y social durante la infancia. En el ámbito de la atención temprana, esta integración representa una innovación socioeducativa que permite aprovechar los avances tecnológicos en favor del bienestar infantil (Sánchez-Romero, Gútiez-Cueva, Sánchez-Boadilla, 2024).

La neurociencia

La neurociencia hace referencia a diferentes disciplinas cuyo sujeto de investigación es el sistema nervioso, que tratan de explicar, con un interés particular, el neurodesarrollo y la forma en que la actividad del cerebro se relaciona con la conducta y el aprendizaje (Salas Silva, 2003; Rodríguez Santos, 2025).

Aporta a la Atención Temprana (AT) el conocimiento sobre de las bases del desarrollo del niño, de los mecanismos que utiliza el organismo para poner en marcha el proceso de aprendizaje y de cómo se la modifican las estructuras nerviosas sobre la base de los procesos del desarrollo.

La neurociencia es importante en el desarrollo infantil temprano, ya que el cerebro es muy receptivo a la información durante los primeros años. Cambia y se adapta constantemente, en función de las experiencias vividas, lo que convierte a estos años en un periodo crítico para el desarrollo cerebral.

Las experiencias contribuyen a moldear las vías neuronales del cerebro, que son responsables del aprendizaje, la memoria o el desarrollo socioemocional.

Las neurociencias nos ayudan a comprender las causas de los problemas que puedan presentarse en su periodo de desarrollo y orientar la educación infantil para crear entornos de aprendizaje atractivos, motivadores y más eficaces.

Ha demostrado su contribución a la educación (Youdell, 2018), ya que es necesaria para que educadores puedan conocer, investigar y desarrollar nuevas habilidades y competencias para transformar la enseñanza, el adaptando el currículo al funcionamiento del cerebro infantil y (Jolles, 2021).

La neurociencia nos ha proporcionado una comprensión profunda de cómo el cerebro influye en las habilidades para aprender, que su funcionamiento, la memoria, las emociones y otras muchas funciones cerebrales se pueden estimular, tanto en los centros educativos como en los servicios de atención temprana.

Su aportación al campo pedagógico contribuye a que el profesorado conozca el cerebro y su funcionamiento.

Cuando la neuroeducación combina aportes de la neurociencia, la psicología y la pedagogía, se está favoreciendo una educación inclusiva, que da respuesta a y las particularidades de cada estudiante, favoreciendo la inclusión educativa.

Conocer mejor nuestro cerebro, sus cambios o sus reacciones ante la entrada de nueva información, permitirá un trabajo más riguroso y adecuado en los procesos de Enseñanza Aprendizaje (E-A).

Estas innovaciones han propiciado la aparición de nuevos como la neuroeducación, neurodidáctica y neurotecnología.

Los descubrimientos en neurociencia pueden enriquecer las prácticas pedagógicas al integrar los avances neurocientíficos en el diseño de aprendizaje, adaptándolos a las capacidades de los estudiantes y el uso de la tecnología.

La comprensión de cómo funcionan los procesos cognitivos desde la neurociencia representa un desafío para los profesionales de la educación. Este nuevo enfoque implica el estudio del sistema nervioso y del cerebro con sus complejas estructuras mentales (Brasil, 2021), que puede transformar los procesos de aprendizaje desde edades tempranas.

Comprender a fondo los diversos aspectos del funcionamiento cerebral, así como como la neuroplasticidad, es esencial para mejorar las metodologías y estrategias didácticas para un aprendizaje significativo.

La aplicación de la neurociencia a la educación, facilita la comprensión del funcionamiento del cerebro y la participación de los procesos neurobiológicos y supone una mejora en la eficacia y superioridad en del aprendizaje (Espina Romero, & Guerrero Alcedo, 2022).

Y es más necesario responder a este desafío en la etapa 0-6 años, ya que el desarrollo cerebral es un periodo en el que se establecen las bases para lograr las competencias clave para la adquisición del lenguaje y la lectura, que se produce por la interacción del sistema nervioso central con el entorno a través de experiencias sensoriales y motoras (López Bueno, 2025).

Otro de los factores que influyen en el proceso de aprendizaje del alumno, como son: la plasticidad cerebral y la memoria (García Jiménez, & Fernández Cabezas, 2020).

Desde la escuela infantil y los servicios de Atención temprana tenemos una oportunidad para favorecer el pleno desarrollo y potenciar al máximo sus capacidades, ya que es el periodo 0 a 6 años, el periodo optimo con relación a la neuroplasticidad del sistema nervioso y en el que incide de lleno el desarrollo intervenciones educativas más efectivas y personalizadas, que pueden abordar, de manera precisa, las necesidades cognitivas y emocionales de los estudiantes desde edades tempranas.

La interacción entre la neurociencia y educación supone una oportunidad de transformación de enseñanza hacia un aprendizaje más inclusivo en atención a cada estudiante con el uso de la tecnología.

La neuroeducación hace referencia a la aplicación de los conocimientos sobre el funcionamiento del cerebro, fundamentados en la psicología, la sociología y la medicina, con el objetivo de mejorar y potenciar los procesos de aprendizaje, memoria y enseñanza. Esta disciplina contribuye a la detección de procesos psicológicos o cerebrales que pueden interferir en el aprendizaje y la educación. Asimismo, influye en la actitud de muchos docentes, transformando su perspectiva sobre la enseñanza y su responsabilidad respecto a la capacidad del cerebro infantil para cambiar, incrementar sinapsis, eliminar otras y conformar circuitos neuronales cuya función se manifiesta en la conducta.

Esta disciplina va a permitir a los docentes a ser conscientes de que enseñar es algo mucho más profundo que trasmitir ciertos conocimientos (Mora, 2017).

Entre las disciplinas que emergen de la neuroeducación destacan: la neurodidáctica. Esta surge de la neurociencia y la educación tiene como objetivo potenciar y desarrollar estrategias basadas en la neurociencia, que describen el manejo de las emociones y su implicación en el aprendizaje (Benavidez V., & Flores P., 2019).

La neurodidáctica orienta el diseño de las mejoras docentes, al analizar los factores que determinan el aprendizaje, basándose en la realidad neurofisiológica del sujeto (Goset Poblete, & Zumelzu Cornejo, 2021).

La neuroeducación, o neurodidáctica, representa una nueva forma de enseñanza basada en el diseño de estrategias y tecnologías educativas centradas en el funcionamiento del cerebro. Integra conocimientos provenientes de la neurociencia, la psicología y la educación, con el objetivo de optimizar los procesos de enseñanza y aprendizaje. Es un campo novedoso que cuenta con la colaboración de educadores y neurocientíficos, para mejorar los métodos de enseñanza y los programas escolares (Orrú, 2016/2021).

La neurotecnología

La neurotecnología mantiene una estrecha sinergia con la neuroeducación, la neurodidáctica y las neurociencias clínicas. Como señalan Sánchez-Romero, Gútiez-Cuevas y Sánchez-Bobadilla (2024), resulta fundamental abrir un debate sobre su uso desde una perspectiva ética. Estas tecnologías han potenciado significativamente la capacidad para diagnosticar y tratar trastornos neuronales desde edades tempranas.

La combinación de las neurociencias con la tecnología es lo que se denomina como neurotecnología, que proporciona una nueva forma de entender el cerebro y sus reacciones ante determinados estímulos y cuando se aplica en el campo educativo, se denomina «neuroeducación».

Nos permite acercarnos a los procesos cerebrales del ser humano y facilitar su análisis, al tiempo que nos ofrece la posibilidad de influir sobre el sistema nervioso, controlar, reparar e incluso mejorar sus funciones.

La neurotecnología incluye no solo la unión de la neurociencia con la tecnología, también al conjunto herramientas desarrolladas para entender el cerebro y la inteligencia artificial.

Al aplicar la neurotecnología a la educación, podemos combinar herramientas digitales, así como sistemas de inteligencia artificial (IA) para potenciar el desarrollo neurológico y cognitivo, desde edades tempranas.

La neurotecnología abarca tanto dispositivos de hardware capaces de medir señales cerebrales como software que, mediante inteligencia artificial, traduce dichas señales en información útil para diversos fines. La incorporación de la inteligencia artificial permite interpretar estas señales cerebrales con mayor precisión, lo que favorece avances significativos en el diagnóstico y tratamiento de diversas condiciones.

Por ello, es necesario abordar, además, las aportaciones de la tecnología y de la **inteligencia artificial** en el proceso de desarrollo y enseñanza aprendizaje.

Autores como Bowman *et al.* (2018) describen que las nuevas neurotecnologías presentan oportunidades, pero también cuestiones éticas que deben valorarse.

Los avances en la ciencia del cerebro y las herramientas de investigación prometen aumentar nuestra comprensión del cerebro humano; tratar las lesiones cerebrales; las enfermedades mentales; mejorar la cognición, la percepción, el estado de ánimo y el estado de alerta, pero plantean importantes cuestiones éticas sobre la autonomía, la seguridad, el estigma y la privacidad Collins, & Klein (2023).

Estas tecnologías mejoraron la capacidad de diagnosticar, tratar trastornos neuronales y una comprensión más profunda de la dinámica sana y patológica del sistema nervioso, mediante estimulación y registros durante los implantes cerebrales.

La Inteligencia artificial puede proporcionar también estas mejoras mediante el análisis de datos y personaliza los contenidos, adaptando las intervenciones educativas a las características y necesidades específicas de cada niño, lo que supone no solo optimizar su proceso de aprendizaje, sino que, además, fortalece sus capacidades cognitivas, emocionales y sociales.

La integración de la IA en la neurotecnología en el ámbito de la atención temprana supone una innovación socioeducativa esencial leve para promover el bienestar infantil y maximizar los beneficios del impacto de los avances tecnológicos.

La IA, ofrece **sistemas capaces de observar el entorno y aprender para realizar acciones inteligentes, asistir en la toma de decisiones**. Esta tecnología puede ser utilizada para múltiples propósitos en la educación infantil y la atención temprana para mejorar el desarrollo de las personas con alteraciones del desarrollo o en situación de riesgo

Existen numerosas aplicaciones que utilizan la neurotecnología en aspectos diversos: ayudan a diagnosticar trastornos del cerebro y del sistema nervioso, a analizar la concentración, atención, investigación, etc.

Andersen (2019) en su artículo «La máquina que lee las intenciones» describe que: «Una nueva generación de interfaces neuronales puede deducir lo que una persona quiere».

Los recursos tecnológicos y la neuroeducación desarrollan nuevas dinámicas didácticas para el aprendizaje contribuyendo a las metodologías docentes más innovadoras y con un impacto en el aprendizaje de los menores que tienen en cuenta los aspectos del desarrollo, desde edades tempranas.

Neurociencia y atención temprana

La neurotecnología en el contexto de la atención temprana se refiere al uso de herramientas y técnicas tecnológicas, que permiten comprender y mejorar el desarrollo neurológico y cognitivo de los niños desde una edad temprana.

Desde el comienzo de los programas de la atención temprana en los años 70, se reconoce la importancia de los primeros años de vida, como periodo crítico para el aprendizaje, en el que la plasticidad del cerebro cobra una gran importancia y en la teoría sobre la irreversibilidad de los efectos producidos por la carencia de estímulos adecuados en estas etapas.

La atención temprana se fundamenta en la posibilidad de influir, favorablemente, en el desarrollo del niño pequeño y de su entorno. Es una actividad planificada, sistemática, basada en una evaluación previa, sistemática y secuencial, que se aplica entre los 0 y los 6 años.

Parte de considerar la necesidad de ofrecer una atención de calidad a la 1ª infancia, por sus repercusiones en el desarrollo posterior.

Este planteamiento supone no solo evitar que las deficiencias interfieran en el desarrollo del niño, sino de evitar su aparición o actuar frente a las situaciones de «Alto riesgo», incluyendo en este concepto tanto factores biológicos como en situaciones de deprivación socioambiental (Gútiez 2005: 4).

El fundamento de la Atención Temprana se relaciona con la gran importancia que tienen los primeros años para los niños que se desarrollan con normalidad, del papel que desempeña el ambiente en ese desarrollo (Guralnick y Bennett, 1989) y en la plasticidad del Sistema Nervioso en los primeros años de vida (Hurtado, 1993).

En sus inicios, la intervención estaba unida a la intervención sobre el niño (discapacidad, patología, limitación, etc.), para optimizar sus posibilidades de desarrollo, corregir sus dificultades y capacitar al niño para tareas específicas, ofreciendo las condiciones necesarias para conseguirlo.

Las primeras investigaciones confirmaban que la estimulación en niños con dificultades podía modificar significativamente su pronóstico, y que aquellos criados en ambientes derivados —como los institucionales— presentaban un desarrollo posterior más desfavorable (e.g., Horowitz, 1980; Hunt, 1976, cit. en Gútiez, 2005).

Los avances científicos, provenientes del campo de la neurología, ponen de manifiesto la importancia al en el desarrollo inicial de los seres humanos, ya que es en este periodo cuando se produce un aumento rápido en las conexiones cerebrales.

Aunque algunas neuronas en el cerebro del recién nacido están genéticamente desarrolladas para controlar funciones vitales, como la respiración y la temperatura del cuerpo, otros millones de neuronas continúan conectándose y serán las experiencias del niño en las etapas iniciales, las que van a tener un impacto determinante sobre las conexiones que se produzcan, las que se van a utilizar y los circuitos, según la estimulación recibida.

Esta plasticidad cerebral se define como «el conjunto de modificaciones producidas en el sistema nervioso como resultado de la experiencia (aprendizaje), las lesiones o los procesos degenerativos» (Mora, 1994: 89).

Y es en el primer año de vida cuando este sistema se desarrolla a gran velocidad y va decreciendo la intensidad de este desarrollo con el paso los años (Cabrera y Sánchez 1982).

La plasticidad del sistema nervioso es de gran importancia en la actividad, ya que supone que la maduración cerebral no finaliza con el nacimiento, sino que continúa durante algún tiempo después y señala la importancia de los factores ambientales para el desarrollo del niño.

La neurología supone una parte importante de la fundamentación de la Atención Temprana, ya que el proceso de mielinización, la especialización funcional, el desarrollo neural del niño, conforme a la ley cefalocaudal y proximodistal y la especialización funcional o la lateralidad, configuran las bases neuroevolutivas que se dan en los niños de estas etapas (Campos y Mesa 1993).

La neurología evolutiva indica los patrones del desarrollo normal, que deben seguir los niños y, conforme a ellos, se pueden observar posibles desviaciones y detectar trastornos madurativos.

La semiología permite al neurólogo conocer y determinar los signos externos, que indican si se está produciendo un desarrollo correcto de las funciones nerviosas. Desde que el nacimiento, los signos neurológicos, como son los reflejos, el tono muscular, etc., permiten conocer la adecuación de su desarrollo (Campos, 2003).

La intervención temprana aprovecha la plasticidad del cerebro para ofrecer a los niños la oportunidad de recuperar o reemplazar de alguna manera la deficiencia que desviaba su desarrollo.

La actividad desarrollada por la Atención Temprana basa su actividad en diferentes disciplinas como son las neurociencias, la pedagogía y la psicología evolutiva y de la conducta:

- **La neurología evolutiva** proporciona conocimientos fundamentales sobre los procesos biológicos más significativos del desarrollo, y resulta esencial para la detección, el diagnóstico y el pronóstico en etapas tempranas.
- **La psicología evolutiva** ofrece el marco teórico y las perspectivas necesarias para comprender la evolución del niño en sus primeros años de vida, abarcando todas las áreas del desarrollo.
- **La pedagogía**, en estrecha relación con los ámbitos social, sanitario y psicológico, convierte a la escuela infantil en el contexto idóneo para atender de forma integral las necesidades de todos los niños.

Las neurociencias proporcionan un marco teórico, basado en evidencias científicas, permite la comprensión rigurosa de la situación de los individuos que presentan dificultades en el desarrollo (Winstein, 1990; Macias, 2000; Schmidt, 2003; Shepard, 1991).

Los nuevos hallazgos e investigaciones en este campo y sus avances en el conocimiento de otras ciencias involucradas han provocado una revisión y redefinición de la intervención.

La atención temprana se plantea, desde un nuevo enfoque global, riguroso y sistemático en el que se incluyan los avances científicos recientes que, desde las distintitas disciplinas (neurología, pedagogía, rehabilitación, psicología evolutiva, del aprendizaje, educación infantil, etc.), plantean las necesidades y problemas de los niños pequeños, desde un encuadre educativo y no desde el meramente asistencial-asilar (Gútiez, Valle, 1993).

La Atención Temprana proporciona las condiciones óptimas a los niños que presentan alteraciones del desarrollo, para ofrecer la ayuda más eficaz, desde el primer momento, con el objetivo de que alcance su propia autonomía e integración (Alegret y otros, 1994).

La intervención en Atención Temprana se desarrolla desde una perspectiva interdisciplinares (de tipo médico, psicológico, educativo, social y tecnológica) e incluye desde el diagnóstico prenatal, hasta la etapa escolar.

Está diseñada para enriquecer, de 0 a 6 años, el desarrollo en su conjunto: motricidad, lenguaje, comunicación y el desarrollo personal y social.

Los primeros años de vida de un bebé, principalmente los seis primeros destacan aspectos condicionantes como la habilidad de captar información de forma inigualable, que durante este período están continuamente aprendiendo con una alta curiosidad y explorando todo (Valle, 1990; Cabrera, 1998).

Cuando se limitan las experiencias, se limita el deseo de aprender de un niño y su desarrollo, de manera que se puede aumentar su aprendizaje solo con quitarle muchas de las restricciones físicas que les ponemos (Mulas, 2003; Brazelton y Cramer, 1993).

Y no solo se trabaja con el niño, sino que incluye la actividad, entorno y familia (Guralnick 2023), enfatizar la participación en todas las situaciones de la vida, como el juego, ocio, etc. (Darrah 2008).

Los nuevos modelos teóricos, sobre la forma en que aprende el ser humano, así como la evidencia científica de los procedimientos y estrategias terapéuticos nos permiten comprender mejor a los niños y sus familias al incorporar en nuestra práctica diaria herramientas de valoración, así como la posibilidad de incorporación de nuevas tecnologías.

Es necesario conocer analizar las intervenciones, basadas en evidencias para conseguir, ofrecer los servicios oportunos de profesionales formados, con la cualificación adecuada.

La neurología evolutiva se dedica al estudio de la evolución del Sistema Nervioso en el bebé desde que nace, estableciendo puntos en el examen del recién nacido, que permitan ver si su desarrollo es adecuado o no.

Las bases neurológicas que fundamentan en el desarrollo del sistema nervioso de los niños ponen de manifiesto las características de este desarrollo y señalan que en los primeros años de vida hay gran plasticidad en el sistema nervioso y a medida que pasan los años se pierde.

González Mas (1977) habla de «la plasticidad cerebral y la posibilidad de su mayor desarrollo para adiestramiento y estimulaciones adecuadas es ya un hecho antiguo». Cajal afirmó la existencia de la plasticidad cerebral, relacionando el incremento de la actividad cerebral, con el crecimiento de los axones y dendritas, permitiendo una mayor riqueza de conexiones y enlaces, mientras que la falta de esta actividad causaba una reducción de tales conexiones por inhibición de los procesos neuronales.

El tejido nervioso puede responder a una lesión no solo creando nuevas sinapsis para ayudar a recuperar la función, sino también modificando la naturaleza de su función preprogramada para facilitar un comportamiento adecuado (Anastasiow, 1990).

La pedagogía ha proporcionado los fundamentos de principios de intervención como la individualización y la adaptación de la enseñanza a cada individuo, en función de sus necesidades, condiciones y contexto social en el que vive.

La intervención educativa junto con la psicológica y las aportaciones de las neurociencias, constituyen los pilares de la metodología en Intervención Temprana (Gútiez, 2012) que ha tenido gran influencia en el desarrollo de los programas de intervención (Andreu, 1997).

Desde el ámbito pedagógico, toda intervención debe tener un enfoque globalizador que favorezca el desarrollo integral y que les aproxime a referentes naturales del contexto en el que vive el niño.

La experiencia promueve la capacidad de aprendizaje en otro contexto, aludiendo a la generalización de los aprendizajes.

Las bases pedagógicas de la atención temprana y su periodo de actividad coinciden ampliamente con las de la educación infantil, ya que también está enfocada a los niños desde su nacimiento hasta los 6 años y atiende a los niños, en todas las dimensiones de la persona: biológica, cognitiva, afectiva y social. Y tiene en cuenta todos los contextos en que se desenvuelve el niño, la escuela, la familia, la comunidad y las distintas instituciones sociales.

Los fines de la educación infantil según Delors, 1996 (Salvador, 2003) son: aprender a conocer, aprender a hacer, aprender vivir juntos y aprender a ser.

La vertiente pedagógica en esta disciplina es esencial, ya que se produce la actividad en contextos normales de aprendizaje, que es además el medio de socialización e inclusión de los niños que padecen alteraciones en su desarrollo, o están en riesgo de padecerlas.

Los avances de las neurociencias ponen de manifiesto la relevancia que para el ser humano la Primera Infancia, ya que en ese periodo el cerebro es mucho más activo y el impacto que tiene para su desarrollo la atención, educación, salud, o el ambiente en el que se desarrolla, es mayor y significativo.

La intervención Tempranas de calidad aporta grandes beneficios, incluso en poblaciones en condiciones vulnerables, desde la concepción hasta los 6 años de vida, ya que en este periodo hay mayores posibilidades de conexiones neuronales y son períodos sensibles relevante, para un desarrollo óptimo.

Los sistemas educativos deben desarrollar estrategias, condiciones y formación para todos sus docentes y de los profesionales implicados en este ámbito, de forma que, tanto las familias como el ámbito educativo, se produzcan intervenciones orientadas y enfocadas a estimular el desarrollo integral, ofreciendo ambientes seguros y estimulantes.

Dinámicas de aprendizaje inclusivas basadas en las neurociencias

Toda intervención educativa basada en las neurociencias tiene como propósito aplicar todo lo que se sabe sobre la forma en que el cerebro aprende y qué cosas estimulan el desarrollo cerebral al ámbito escolar.

La escuela es el ámbito idóneo en la aplicación de la neuroeducación o neurodidáctica La escuela es un entorno privilegiado de intervención en el proceso de aprendizaje de los niños.

Las aportaciones de las neurociencias muestran cómo el desarrollo de conexiones cerebrales en los primeros seis años de vida puede influir en trayectorias de aprendizaje y comportamiento a lo largo de la vida (Oku, 2021).

Por ello, es esencial que los educadores comprendan que, a partir de su conocimiento del cerebro, de cómo aprenden, procesan, registran, almacenan y recuerdan la información los cerebros de los niños, se puede conocer su estilo de enseñanza y optimizar el proceso de aprendizaje. Igualmente, es necesario que comprendan que la forma en que organizan su clase, sus actitudes, palabras y emociones, tienen una enorme influencia en el desarrollo del cerebro de sus alumnos y la manera en la que aprenden.

La neuroeducación presenta las siguientes características, según Lozoya *et al.* (2018):

- Carácter neurocientífico, que permite estudiar el cerebro y las funciones mentales superiores, así como las bases neurales de los seres humanos y su correlación con diversos procesos mentales como el pensamiento, las funciones ejecutivas, el lenguaje, la memoria, la motricidad, la percepción, entre otros.
- Gran interés por la corteza cerebral asociativa, área del cerebro responsable de los procesos cognitivos superiores, que suele verse afectada cuando existe alguna causa genética que impacta un desarrollo inadecuado o lábil.

Se centra única y exclusivamente en el ser humano: estudia los procesos cognitivos del ser humano.

Tiene un carácter interdisciplinar, ya que incluye varias disciplinas como la neurología, bióloga, neurofisiología, neuroquímica, psicología experimental, farmacología, psicología cognitiva, pedagogía y magisterio, entre otras (Portellano, 2015).

En esta actividad trabajan profesionales de la salud y de la educación en pro de la evaluación y tratamiento de las diferentes competencias y capacidades del ser humano: neurólogos, neurocirujanos, fisioterapeutas, terapeutas del lenguaje, terapeutas ocupacionales, psicólogos, pedagogos, maestros, etc.

La neuroeducación tiene como objetivo delimitar los periodos de desarrollo para identificar las enseñanzas más adecuadas en cada etapa, en función de la maduración de los diferentes circuitos o redes cerebrales y que codifican para funciones específicas.

Esto permitiría determinar a qué edades es posible detectar síntomas o déficits que pueden interferir posteriormente con la educación y la enseñanza, con el objetivo de ofrecer una intervención temprana, con tratamientos pertinentes en cada caso. El ser humano aprende en todo momento, desde el nacimiento hasta la muerte.

Su conocimiento consciente en el mundo se expande con el proceso permanente de clasificar y subclasificar. Estos aprendizajes y de los cambios que éstos provocan en su cerebro, provocan que el ser humano cambia constantemente su conducta y su pensamiento (Mora, 2017).

La Inteligencia Artificial y su potencialidad en la Atención Temprana

En este contexto, la inteligencia artificial (IA) se presenta como una herramienta con gran potencial, siempre que su implementación se lleve a cabo de manera ética, crítica y responsable. Una de sus aplicaciones más prometedoras es la personalización del aprendizaje, adaptando tanto los contenidos como las estrategias pedagógicas a las características individuales de cada estudiante. El informe *Futures of Digital Learning - Digital Learning and the Transformation of Education* (UNESCO, 2024) resalta diversas metodologías y herramientas que ya se aplican en este ámbito.

En el ámbito de la atención temprana, aún son pocos los estudios sobre la aplicación de la IA, pero consideramos que esta herramienta tiene un gran potencial, ya que permite la personalización de los aprendizajes. Esto podría, entre otros aspectos, mejorar los procesos de enseñanza desde las primeras etapas de la educación.

La IA permite analizar grandes volúmenes de datos sobre el rendimiento y comportamiento de los estudiantes, generando recomendaciones personalizadas que optimizan la toma de decisiones educativas, especialmente en el marco de una visión inclusiva de la educación.

El uso de la inteligencia artificial (IA) está revolucionando, por ejemplo, el estudio y la interpretación de las señales cerebrales. Con este objetivo, un equipo de investigación liderado por el Consejo Superior de Investigaciones Científicas (CSIC) ha desarrollado una serie de modelos de aprendizaje automático capaces de detectar y analizar patrones de actividad cerebral mediante IA (CSIC, 2025).

En el caso del Trastorno del Espectro Autista (TEA), se están consolidando las aplicaciones móviles que pueden facilitar a las personas con autismo a comprender el proceso de aprendizaje, mejorando su formación, calidad de vida y participación en la sociedad. Así, el uso de las aplicaciones móviles potencia, facilita y promueve la inclusión y participación de las personas autistas (Sánchez Romero y García Vacas, 2025).

Asimismo, se están consolidando diversas iniciativas que utilizan la inteligencia artificial (IA) como herramienta para la detección y diagnóstico temprano. Estas tecnologías emergentes, como el modelo AutMedAI (Roche, 2024) y otros desarrollos de aprendizaje automático, están mejorando la precisión en la identificación del TEA, permitiendo intervenciones más oportunas y personalizadas, lo que resulta fundamental para ofrecer un apoyo adecuado desde las primeras etapas del desarrollo.

El modelo AutMedAI (Roche, 2024), que ha demostrado una precisión del 80 % en la identificación de pacientes tanto con como sin la condición. En esta línea, un reciente estudio del Instituto Karolinska (Suecia), publicado en *JAMA Network Open*, presenta un nuevo modelo de aprendizaje automático capaz de predecir el autismo en niños pequeños a partir de datos relativamente limitados. Este avance resalta la importancia de la detección temprana, lo que posibilita proporcionar el apoyo adecuado en etapas cruciales del desarrollo.

Otro estudio retrospectivo basado mediante aprendizaje automático (ML), realizado por Sundar, Zhang y Yhia *et al.* (2024), destaca un estudio diagnóstico con 30 660 participantes. Este estudio utilizó la predicción del Trastorno del Espectro Autista (TEA) mediante aprendizaje automático, empleando solo 28 características, y demostró una alta precisión, sensibilidad y especificidad predictiva.

El modelo T-EYE (Red Cenit, 2023) utiliza realidad virtual e inteligencia artificial para mejorar la detección temprana del autismo en menores. A través de entornos simulados e inmersivos, permite analizar con mayor precisión la comunicación, la interacción social y las respuestas sensoriales de los niños. Los datos recogidos en tiempo real se procesan mediante algoritmos de IA, lo que facilita diagnósticos más rápidos y efectivos. Este enfoque complementa los métodos clínicos tradicionales y cuenta con el respaldo de instituciones científicas, con el objetivo de ofrecer una detección más accesible, objetiva y personalizada.

El proyecto ROBIC, desarrollado en la Comunidad de Madrid (2025), aplica robótica e inteligencia artificial para mejorar la atención temprana en niños con autismo o daño cerebral. Utiliza sensores y cámaras 3D para recoger datos fisiológicos que permiten diseñar intervenciones personalizadas. Mediante robots y avatares virtuales, se crean rutinas de estimulación física y cognitiva basadas en el juego terapéutico, lo que mejora la motivación de los menores y optimiza el trabajo clínico. El programa incluye un sistema de evaluación del progreso y ofrece formación tanto a profesionales como a familias.

En conclusión, la inteligencia artificial (IA) está emergiendo como una herramienta transformadora en el ámbito educativo, especialmente en la atención temprana, al ofrecer la posibilidad de personalizar los aprendizajes y optimizar las intervenciones educativas. Lo que permite intervenir de manera más efectiva en las primeras etapas del desarrollo. Aunque su implementación aún es incipiente, los avances en tecnologías como el aprendizaje automático y las aplicaciones móviles han demostrado un gran potencial para mejorar la detección temprana y el apoyo a niños con Trastorno del Espectro Autista (TEA).

La IA puede facilitar diagnósticos más precisos y personalizados. La integración de estas tecnologías, siempre que se utilice de manera ética y responsable, puede revolucionar la educación inclusiva, mejorar la calidad de vida de las personas y contribuir significativamente al bienestar y desarrollo desde la infancia.

Conclusión

Debemos señalar que la Atención Temprana y la Escuela Infantil deben constituirse como una respuesta generalizada para la población comprendida entre los cero y los seis años con intervenciones basadas en evidencias sustentadas por las neurociencias, para lograr el crecimiento y la optimización del desarrollo, la igualdad de oportunidades y el respeto a los derechos de la infancia y la adolescencia.

En esta respuesta, las neurociencias y la neurotecnología suponen una valiosa aportación a la AT, ya que aporta conocimientos sobre las bases del desarrollo del niño y los mecanismos que el organismo pone en marcha para el aprendizaje y la modificación de las estructuras nerviosas sobre la base de los procesos del desarrollo.

La plasticidad cerebral en esta etapa nos permite incidir en la en todos los niveles del desarrollo del niño, en un periodo crítico del desarrollo de determinadas funciones cognitivas y motoras y contemplar elementos de intervención específicos.

Las neurociencias y la neurotecnología suponen una valiosa y novedosa aportación para el conocimiento y la Intervención Temprana en el proceso de enseñanza-aprendizaje infantil de 0 a 6 años. Conlleva una auténtica transformación educativa que requiere su inclusión en los programas de formación docente para orientar técnicas didácticas, basadas en la evidencia.

Para afianzar/propiciar/promover este cambio, es imprescindible que los docentes comprendan el funcionamiento cerebral, que conozcan como se produce el neurodesarrollo, como un elemento esencial para enseñar y que el niño aprenda mejor, siendo conscientes de que, lo enseñado y aprendido, puede generar cambios cerebrales en niños de 0 a 6 años, propiciando, creando o modificando sinapsis y circuitos neuronales y que se verá reflejado en su comportamientos (Owen, 2021; Stewart, 2021; Díaz, 2021; Richaud, 2018).

Los factores que inciden en él y cómo benefician o perjudican el procesos de aprendizaje y con ello favorecer el pleno desarrollo y el aprendizaje infantil (Doukakis, 2021; Ellis, 2021; Vázquez-Medel, 2020; Wertz, 2020).

Además, basándose en estos conocimientos y con el apoyo de herramientas que ofrece la neurotecnología, se facilita el conocimiento los estadios del desarrollo y las variables que intervienen, así como el desarrollo de procesos de evaluación que nos acerquen a el diagnóstico y determinación de los objetivos de intervención más adecuados a las necesidades del niño (Rodríguez Santos F., 2025).

Referencias

Andersen, R. (2019). La máquina que lee las intenciones. *Investigación y Ciencias.*

Aguilar, B. (2018). El aporte de las neurociencias para una educación temprana de calidad. *Neurociencias y Educación Infantil,* 98-100.

Álvarez, M., & Wong, A. (2010). Neurociencias y Comunidad: La oportunidad del neurodesarrollo. *PSCIENCIA. Revista Latinoamericana de Ciencia Psicológica,* 2(1), 30-33. https://www.redalyc.org/pdf/3331/333127086007.pdf

Bacigalupe, M., & Mancini, V. (2014). Contribuciones para la construcción de un enfoque de las Neurociencias de y con la educación.

Barrios, H. (2016). Neurociencias, educación y entorno sociocultural. *Educación y Educadores*, 19(3), 395-415. https://www.redalyc.org/pdf/834/83448566005.pdf

Barroso-Osuna, J., Cabero-Almenara, J., & Valencia Ortiz, R. (2020). Visiones desde la Neurociencia-Neurodidáctica para la incorporación de las TIC en los escenarios educativos. *Revista de Ciencias Sociales Ambos Mundos*, (1). https://doi.org/xxxx

Benarós, S., Lipina, S., Segretin, M., Hermida, M., & Colombo, J. (2010). Neurociencia y educación: Hacia la construcción de puentes interactivos. *Revista de Neurología*, (50), 179-186.

Blakemore, S. (2010). *Cómo aprende el cerebro. Las claves para la educación*. Barcelona: Ariel. https://ciec.edu.co/wp-content/uploads/2017/08/Utah-Frith.-C%C3%B3mo-aprende-el-cerebro.-Las-claves-para-la-educaci%C3%B3n.pdf

Bosada, M. (2019). Neurociencia, ¿una aliada para mejorar la educación? *Educaweb*. https://www.educaweb.com/noticia/2019/01/10/neurociencia-aliada-mejorar-educacion-18676/

Brasil, M. S. (2021). Neurociência cognitiva e metodologias ativas. *Revista Ibero-Americana de Humanidades, Ciências e Educação*, 7(7). https://doi.org/xxxx

Bullón, E. (2017). La neurociencia en el ámbito educativo. *Revista Internacional de apoyo a la inclusión, logopedia, sociedad y multiculturalidad*, 3(1), 118-135. Universidad de Jaén.

Bravo, L. (2014). Psicología cognitiva y neurociencias de la educación en el aprendizaje del lenguaje escrito y de las matemáticas. *Revista de Investigación de Psicología*, 17(2), 25-37. https://www.researchgate.net/publication/319474404_Psicologia_cognitiva_y_neurociencias_de_la_educacion_en_el_aprendizaje_del_lenguaje_escrito_y_de_las_matematicas

Campos, A. (2010). Neuroeducación: Uniendo las neurociencias y la educación en la búsqueda del desarrollo humano. *La Educación*, (143). http://www.educoea.org/portal/La_Educacion_Digital/laeducacion_143/articles/neuroeducacion.pdf

Campos, A. (2014). Los aportes de la neurociencia a la atención y educación de la primera infancia. Lima: Cerebrum Ediciones. https://equinoabrazo.com.ar/download/multimedia.archivo.bd49824befb3081b.41706f7274657320646520c61206e6575726f6369656e6369612061206c61202e706466.pdf

Castorina, J. (2016). La relación problemática entre neurociencias y educación. Condiciones y análisis crítico. *Propuesta Educativa*, 2(46), 26-41. http://propuestaeducativa.flacso.org.ar/wp-content/uploads/2019/11/REVISTA46-dossier-castorina.pdf

Comunidad de Madrid (2025, 3 de febrero). Díaz Ayuso presenta un programa pionero para mejorar la atención temprana a niños con autismo o daño cerebral con el uso de robótica e IA. https://www.comunidad.madrid/noticias/2025/02/03/diaz-ayuso-presenta-programa-pionero-mejorar-atencion-temprana-ninos-autismo-o-dano-cerebral-uso-robotica-ia

Chang, Z. (2021). Neuroscience concepts changed teachers' views of pedagogy and students. *Frontiers in Psychology*. https://doi.org/10.3389/fpsyg.2021.685856

Consejo Superior de Investigaciones Científicas (CSIC). (2025, febrero 3). Científicos entrenan un banco de modelos de IA para identificar patrones de actividad eléctrica cerebral. https://www.csic.es/es/actualidad-del-csic/cientificos-entrenan-un-banco-de-modelos-de-ia-para-identificar-patrones-de-actividad-electrica-cerebral

De Barros Camargo, C. (2023). *Fundamentos de la elaboración de materiales neurodidácticos*. Universidad Nacional de Educación a Distancia, Madrid, España.

Davidesco, I. (2021). Neuroscience research in the classroom: Portable brain technologies in education research. *Educational Researcher*, 50(9), 649-656. https://doi.org/10.3102/0013189X211031563

De Aparicio, X. (2009). Neurociencias y la Transdisciplinariedad en la Educación. *Revista Universitaria de Investigación y Diálogo Académico*, 5(2). https://core.ac.uk/download/pdf/25787806.pdf

Delgado, K., & Jadan, J. (2022). La neurodidáctica: una experiencia en educación inclusiva aplicada a las TIC. *Texto Livre*, 15(1).

Falco, M., & Kuz, A. (2016). Comprendiendo el aprendizaje a través de las neurociencias, con el entrelazado de las TICs en Educación. *Revista Iberoame-*

ricana de Educación en Tecnología en Educación, (17), 43-51. https://pdfs.semanticscholar.org/6ddc/4fadaa87058837156f46c448733be21f3987.pdf

Fernández, J. (2010). Neurociencias y Enseñanza de la Matemática. Prólogo de algunos retos educativos. *Revista Iberoamericana de Educación*, 51(3). https://doi.org/10.35362/rie5131832

Goswami, U. (2019). *Cognitive development and cognitive neuroscience: The learning brain*. https://doi.org/10.4324/9781315684734

Gutiérrez-Fresneda, R. (2022). Initial learning of reading through the contributions of neuroscience to the educational field. *Literatura y Lingüística*, 45, 281-298. https://doi.org/10.29344/0717621X.45.2212

Jolles, J. (2021). On neuroeducation: Why and how to improve neuroscientific literacy in educational professionals. *Frontiers in Psychology*, 12. https://doi.org/10.3389/-fpsyg.2021.752151

Kandel, E., Schwartz, J., & Jessel, T. (2001). *Principios de neurociencia*. Madrid: McGraw-Hill.

López Bueno, H. (2025). *Neurodesarrollo: Evaluación integral de la teoría a la práctica*. ISBN 978-84-283-6961-9, 301-328.

López, C. (2009). Aportaciones de la Neurociencia al aprendizaje y tratamiento educativo de la lectura. *Biblid*, (1), 47-78.

Maureira, F. (2010). Neurociencia y Educación. *Exemplum*, (3), 267-274. https://www.academia.edu/10337655/Neurociencia_y_educaci%C3%B3n

Martínez-González, A. E. (2018). Neuroeducation: Contributions of neuroscience to curricular competences. *Publicaciones de la Facultad de Educación y Humanidades del Campus de Melilla*, 48(2), 23-34. https://doi.org/10.30827/

Maya, N., & Rivero, S. (2012). Neurociencia y educación: Una aproximación interdisciplinar. *Encuentros Multidisciplinares*, (42), 1-8. http://www.encuentros-multidisciplinares.org/Revistan%BA42/Nieves_Maya_y_Santiago_Rivero.pdf

Mogollón, E. (2010). Aportes de las neurociencias para el desarrollo de estrategias de enseñanza y aprendizaje de las Matemáticas. *Revista Electrónica Educare*, 14(2), 113-124. https://www.redalyc.org/pdf/1941/194115606009.pdf

Morris, M. (2014). La neuroeducación en el aula: Neuronas espejo y la empatía docente. *La vida y la historia*, 3(2), 9-18.

Nizama, M., & Rodríguez, Y. (2015). Niveles de conocimiento sobre neurociencia y su aplicación en los procesos educativos. *In Crescendo. Institucional*, 6(2), 104-113.

Rajagopalan, S. S., Zhang, Y., Yahia, A., & Tammimes, K. (2024). Predicción del trastorno del espectro autista mediante aprendizaje automático a partir de un conjunto mínimo de información médica y de antecedentes. *JAMA Netw Open*, 7(8), e2429229. https://doi.org/10.1001/jamanetworkopen.2024.29229

Roche. (n.d.). Inteligencia artificial en el autismo. *Roche Plus*. Recuperado el 13 de mayo de 2025, de https://www.rocheplus.es/innovacion/inteligencia-artificial/ia-autismo.html

Rodríguez Santos, F. (2025). *Neurociencias y atención temprana*. ISBN 978-84-283-6676-2, 21-54.

Richaud, M. C. (2018). Bridging Cognitive, Affective, and Social Neuroscience with Education. In *Psychiatry and Neuroscience Update: From Translational Research to a Humanistic Approach*, 3, 287-297. https://doi.org/10.1007/978-3-319-95360-1_23

Sánchez Romero, C., Gútiez Cuevas, P., & Sánchez Bobadilla, V. S. (2024). Prácticas tecnológicas e inclusivas sostenibles en atención temprana: Neurociencia y neurotecnológia educativa para la atención temprana en educación infantil. En *Materiales neurodidácticos para docentes: buenas prácticas tecnológicas e inclusivas sostenibles* (pp. 143-156). Octaedro.

Sánchez Romero, C., & García Vacas, C. (2025). Impulsando la Inclusión Educativa: Diseño Universal de Aprendizaje y Aplicaciones Móviles para Autismo. *Aula Abierta*, 54(1), 19-28. https://doi.org/10.17811/rifie.20998

Red Cenit (2023). Monitoring system for children with ASD based on artificial intelligence and physiological measures - Sistema de monitorización para niños con TEA basado en inteligencia artificial y medidas fisiológicas (T-EYE). Ministerio de Economía, Industria y Competitividad (IDI-20201146) Proyecto cofinanciado por el Centro para el Desarrollo Tecnológico Industrial (CDTI) y Feder. España.

Romero, L. D. C. (2022). Neuroscience and its applications in Education: A bibliometric review. *Revista Venezolana de Gerencia*, 27(98), 512-529. https://doi.org/10.52080/rvgluz.27.98.9

Ruiz, C. (2019). Neurociencias y educación. http://webdocente.altascapacidades.es/Articulos/PDF/Art6/1_neurociencia_y_educacion.pdf

Salas, R. (2013). ¿La educación necesita realmente de la neurociencia? *Estudios Pedagógicos*, (29), 156-171. https://www.redalyc.org/pdf/1735/173514130011.pdf

Stewart, M. (2021). Understanding learning: Theories and critique. *University Teaching in Focus: A Learning-Centred Approach*.

Torrance, R. (2018). Using educational neuroscience and psychology to teach science. Part 2: A case study review of 'The Brain-Targeted Teaching Model' and 'Research-Based Strategies to Ignite Student Learning'. *SSR School Science Review*, 100(371), 66-75.

Wang, Y. (2021). Artificial intelligence in educational leadership: A symbiotic role of human-artificial intelligence decision-making. *Journal of Educational Administration*, 59(3), 256-270. https://doi.org/10.1108/JEA-10-2020-0216

Sobre la coordinadora

M Gloria Gallego-Jiménez

Doctora en Educación por la Universidad Internacional de Cataluña (2010) y licenciada en Filología por la Universidad de Barcelona, cuenta además con un máster en Educación Inclusiva por la Universidad de Vic (2017). Profesora acreditada con sexenio y actualmente es profesora adjunta en la Universidad CEU San Pablo (Madrid), donde también dirige el Departamento de Educación. Está acreditada y actualmente es profesora adjunta en la Universidad CEU San Pablo (Madrid), donde también dirige el Departamento de Educación. Es investigadora principal del grupo consolidado de la Universidad CEU San Pablo: Aprendizaje, Neurodidáctica, Educación Personalizada e Inclusiva (ANEPI). Lidera el proyecto identitario CEU: «Influencia de las creencias docentes en el rendimiento cognitivo y funciones ejecutivas en alumnos con TEA sindrómico e idiopático» (DocenTEA).

Ha realizado diversas estancias de investigación internacional, entre las que destaca su participación como profesora visitante en la Universidad de Twente (Países Bajos) en 2021. Ha sido beneficiaria de tres becas Erasmus: en 2022, para impartir un máster sobre Diseño Universal para el Aprendizaje en la Universidad de Twente; en 2023, en la Universidad de Ciencias Aplicadas (Ámsterdam); y, también en 2023, para llevar a cabo una estancia de investigación de medio año en la Universidad de Alameda (Lisboa).

Entre 2010 y 2024 ha sido investigadora en la Cátedra Joaquim Molins Figueras de Atención a la Infancia y Políticas Familiares. Asimismo, entre 2013 y 2020 fue profesora en los grados de Educación, en el Máster de Formación del Profesorado de Secundaria y en los grados de Pedagogía de la Universidad Internacional de La Rioja (UNIR).